化学在行动

原子和分子的世界

[英] 汤姆·杰克逊 ◎ 著

李尧尧 ◎ 译

上海科学技术文献出版社
Shanghai Scientific and Technological Literature Press

图书在版编目（CIP）数据

化学在行动．原子和分子的世界 /（英）汤姆·杰克逊著；李尧尧译．—上海：上海科学技术文献出版社，2025.
—ISBN 978-7-5439-9159-0

Ⅰ．O6-49

中国国家版本馆 CIP 数据核字第 20240CT424 号

Atoms and Molecules

A Brown Bear Book

Devised and produced by Brown Bear Books Ltd, Unit G14, Regent House, 1 Thane Villas, London, N7 7PH, United Kingdom

Chinese Simplified Character rights arranged through Media Solutions Ltd Tokyo Japan email: info@mediasolutions.jp, jointly with the Co-Agent of Gending Rights Agency (http://gending.online/).

图字：09-2022-1060

责任编辑：姜　曼
助理编辑：仲书怡
封面设计：留白文化

化学在行动．原子和分子的世界
HUAXUE ZAI XINGDONG. YUANZI HE FENZI DE SHIJIE
[英]汤姆·杰克逊　著　李尧尧　译
出版发行：上海科学技术文献出版社
地　　址：上海市淮海中路 1329 号 4 楼
邮政编码：200031
经　　销：全国新华书店
印　　刷：商务印书馆上海印刷有限公司
开　　本：889mm×1194mm　1/16
印　　张：4.25
版　　次：2025 年 1 月第 1 版　2025 年 1 月第 1 次印刷
书　　号：ISBN 978-7-5439-9159-0
定　　价：35.00 元
http://www.sstlp.com

目录

1 什么是物质

物质组成了宇宙间的一切，而构成物质的要素小到微不可见，这个要素就是原子。原子是如何组成千变万化的事物的呢？这就是化学在研究的事情。

我们身边的所有事物都由物质组成。这本书、我们呼吸的空气，甚至我们的身体都是由物质组成的，物质不仅构造了地球上的事物，也造就了宇宙中的一切，比如太阳、星云、岩石以及无数的恒星。

原子

物质的构成要素叫作原子，原子极其微小，小到人的肉眼无法看见，小到一亿两千五百万颗原子排成一列也只有约2.5厘米长。但是，原子之间也各

地球上的物质主要有三种状态：固态、液态和气态。太阳的物质状态属于第四种，即等离子态，这种状态和气态类似，但温度高很多。维持太阳等离子态的是氢原子。

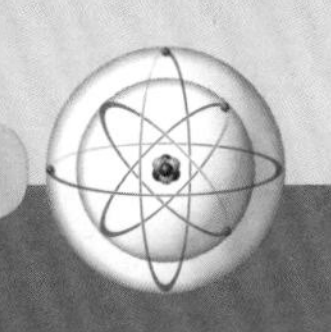

不相同，自然界中有约90种原子，体积、质量各不相同，属性繁多。

不同的原子经过组合，构成了我们身边的各种物体和材料。只包含一种原子的物质叫作元素，比如天然金块只含有金原子。其他元素还有碳、铁、铝、硫、氧等。

分子

元素为同种原子的集合，但并不是所有事物都由纯粹的元素构成，相反，大多数事物是由几种不同的原子构成的。

近距离观察

密度

物质的一大属性就是密度。密度是衡量一个物体内部包含多少物质的标准，是物体质量和体积的比值。一些材料包含数量大且重的原子，或者分子紧紧聚在一起，这样的内部构造让这些材料很小却很重，科学家形容这些物体密度很高。例如，铅是一种密度特别高的金属，常用来制作砝码。有些物体的分子体积小，在物体内部分散分布，如氦气就是已知的密度非常低的物质之一，灌入飞艇中，可以让飞艇变得轻到足以飘在空中。

▲ 飞艇内部充满氦气，让飞艇的重量比同体积的空气还轻。人们过去往飞艇中注入氢气，让飞艇飘在空中，但氢气易燃，曾多次导致飞艇起火坠落，飞艇上的乘客也当场殒命。氦气比氢气重，但不易燃，因此更加安全。

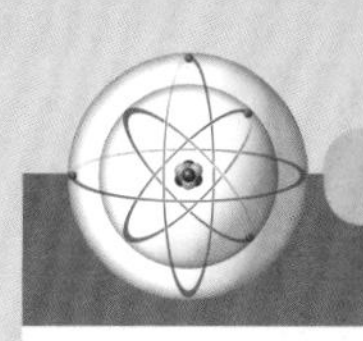

不同类型的原子组合在一起形成的物质叫作化合物，这些不同的原子排列组合成一种结构，即分子。分子的形状和大小各不相同，这让不同的材料具有不同的属性，比如特别坚硬或容易弯折。化合物通常具有一些特定的属性，而这些属性和其分子中元素本身的属性并不相同。例如钠是一种柔软的金属，能和水发生剧烈的反应，氯是一种高度活跃的气体，但钠和氯结合在一起会形成晶体状的食盐，化学状态稳定，在室温下不会发生反应。

关键词

- **原子**：构成自然界各种元素的基本单位。
- **元素**：具有相同核电荷数的同一类原子的总称。
- **分子**：由两个或多个原子组成，具有特定的形状和大小的微粒。

物质的状态

所有物质都有三种基本状态：固态、液态和气态。也存在第四种状态，叫作等离子态，但地球上绝大多数物质只有前

▼ 喷发的火山展示了三种物质形态，构成火山的是固态的岩石，喷涌而出的是液态的岩浆，喷发进大气中的是气体。

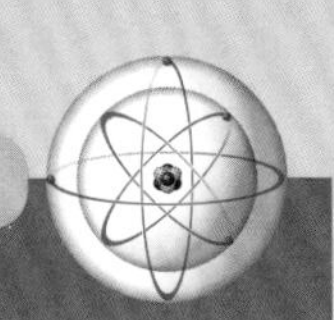

试一试

冰、水、气

体积指一个物体所占空间的多少，那么体积会随着物质状态变化而变化吗？拿一个制冰格，往格子里装满水，但不要让水溢出，放在冰箱里冻成冰，然后放在室内一个温暖的地方，几分钟后冰就会化成水。注意观察冰化成的水溢出到其他冰格里了吗？你如果手拿稳点，就会发现水没有溢出。一般情况下，物质液态的体积比固态大，但水是一种特殊的液体，因为水结成冰后体积会略微膨胀。因此，冰格里的冰化成水后，也都能填满每一个冰格，而不溢出来。现在，把冰格放在户外太阳下。几个小时后，大部分水应该蒸发为水汽了，也就是变成气体了。气体形成时，体积会不断膨胀，气体分子迅速相互分离。这个小实验表明，固态、液态物质的分子会或紧或松地结合在一起，但物质呈气态时会自由、完全地扩散开。

▲ 当冰格中的冰冻结时，它会膨胀。当冰在阳光下融化时，一些水蒸发成气体逸出。

三种状态。固态物质，比如石头，往往非常坚硬，有固定的形状。液态物质，比如水，没有固定形态，盛水的容器是什么形状，水就是什么形状，所以水的形状可以任意变换，比如水倒入新的容器或用水管抽送时都会变换形态。从这个角度看，气体和液体相似，容纳气体的容器是什么形状，气体就是什么形状，但液体总是位于容器底部，气体却不一样，气体会充满容器的整个空间，气体原子和分子会均匀地分散在整个容器内部。在正常条件下，比如在一座房子内，物体以某种特定的状态出现，有些是固态（比如金属和塑料），有些是液态（比如水和果汁），还有些是气态（比如空气）。一个物体的状态取决于其内部原子和分子是如何排列的。

▲ 钻石由呈晶状结构的碳组成，其中的碳原子按照固定的结构排布，这样的结构让钻石更易被切割、打磨成宝石。

在大多数固态物体中，粒子（原子或分子）呈现一种固定的结构，这种结构叫作晶状结构。晶状结构中的粒子按照固定的结构和顺序排布，也正是这种规则的排布方式让固态物体呈现固定的形状，但构成物体的粒子并不是固定不动的。相反，这些粒子一直在运动。粒子在晶状结构内振动，但无法跑得很远，因为周围的粒子都在拉着它。衡量固态物体内部原子运动程度的方法是看这个固体散发的热量。在一些固态物体中，粒子不是按照固定的结构排布的，而是无规则排布的，这些固体没有固定的结构，所以被称为无定形固体或非晶状固体。无定形固体中，粒子间有强有力的键，把它们固定在自己的位置上。和定形固体一样，无定形固体的粒子也在一直振动，塑料和蜡就是最常见的无定形固体。

▶ 在黄石公园，水会从地面沸腾而出。水和其他液态物质一样，在特定的温度下就会沸腾，水沸腾的温度是100℃。水加热到100℃时，水分子会剧烈振动，其中一些会转变为气体，也就是水蒸气，逃离水面。

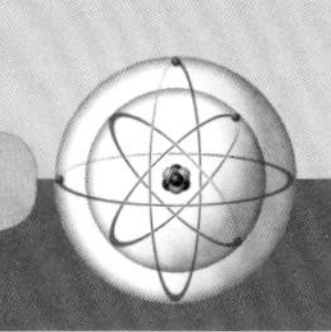

近距离观察

物质的状态

▼ 固态：粒子紧密地排布在一起，下图展示的是一个固定的晶状结构，结构中的粒子可以移动，但只能在晶体内部来回振动。

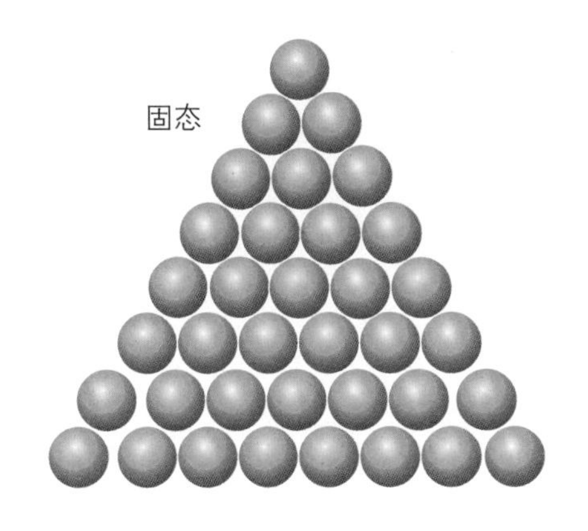

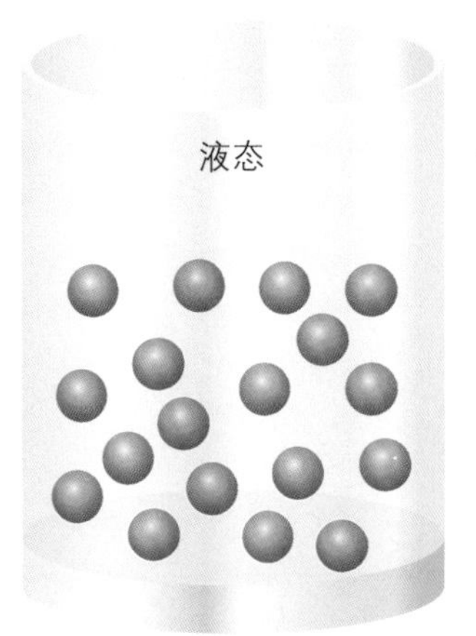

▲ 液态：相比于固态，液体的粒子排布得比较疏松，运动比较自由，位置不固定，所以液体能够流动，形成不同的形状。

▼ 气态：气态物质的粒子彼此分离，可以完全自由地运动，所以气体会充满整个空间。

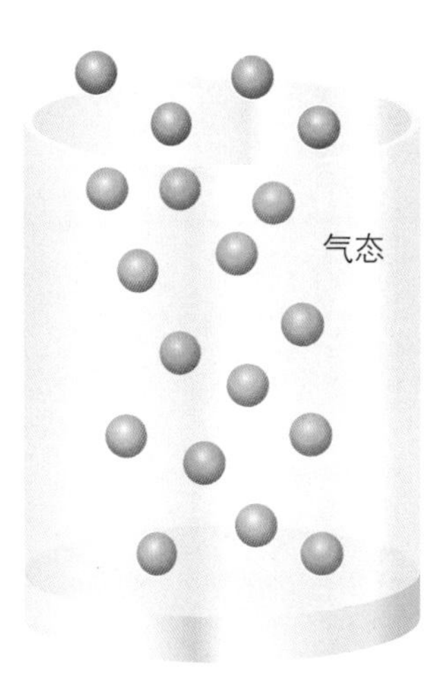

熔化和沸腾

加热或冷却可以让物体从一种形态转变为另一种形态，固态熔化成液态，液态蒸发为气态，或者气态冷凝成液态，液态冰冻成固态。加热固态物质时，物质内部的粒子开始更加强烈地振动，试着离开自己的位置。在某个温度下，物质内部的粒子开始彼此分离，于是固态的形状就瓦解了，内部的粒子就能更加自由地移动了。此时，这个物体就变成了液态。一个物体由固态转为液态所需的温度叫作熔点。液态物质中的部分粒子仍然互相连接着，如果继续加热液态物质，其中的粒子会开始更加快速地振动，最终导致粒子间的所有键都断裂，液态物质也就转化成了气态物

关键词

- **气态：**物质的粒子相互分离，可以自由地朝任何方向移动。
- **液态：**物质的粒子松散地连接在一起，可以自由地围绕彼此运动。
- **固态：**物质的粒子紧密地排布在一起。
- **物质状态：**物质呈现的状态为固态、液态或气态。

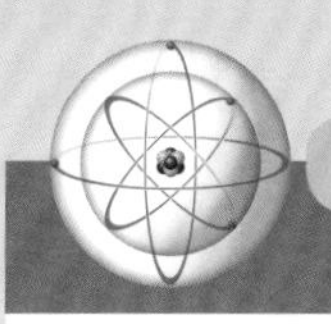

▼ 水循环包括了水的三种形态，固态（冰）、液态（水）和气态（水蒸气）。

化学在行动

水的三种状态

在地球上，水是为数不多的以三种状态存在于自然界中的物质。水以海洋的形式，覆盖了绝大部分的地球表面。太阳散发的热量使海水蒸发，形成水蒸气，与空气混合。当空气冷却时，水蒸气凝结成小水滴或冰粒，汇聚在一起形成云。水滴或冰粒变得足够大时，就会变成雨水或雪花，降落到地表。水也会从河流、湖泊、陆地表面蒸发为水蒸气，凝聚在一起形成云，同时江河湖泊中的水也会渗入地下，或者奔流入海。

质，这一转变所需的温度就叫作沸点。气态物质的粒子会向任意方向自由移动。例如，粒子会沿直线移动，碰到其他气态粒子后会转向，碰到固态容器的内壁后会反弹。粒子弹往各个方向，因此气态物质会很快充满整个容器。

物理特性

物质冷却时，状态变化的过程会反过来。气态粒子冷却时，移动的速度会慢下来，粒子相互碰撞时就会聚在一起，于

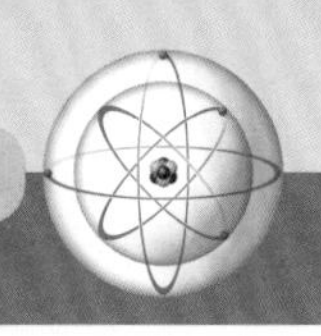

◀ 固体熔化时会保持在一个恒定的温度，直到这个固体全部熔化完毕。

是就形成了无固定形态的液滴。液体冷却时，粒子振动的强度会变弱，并且开始彼此连接，形成固态晶体的固定结构。每种物质都有自己的熔点和沸点，熔点和沸点就是物质的物理特性，物理特性还包括颜色和硬度。例如，有些固体特别坚硬，比

▲ 蒸馏是一种用来分离液体混合物的技术。在液体的混合物中，每种液体的沸点是不一样的，加热到某种液体的沸点时，这种液体就会蒸发为气体，在反应罐的顶部收集起来，然后再冷凝成液体。

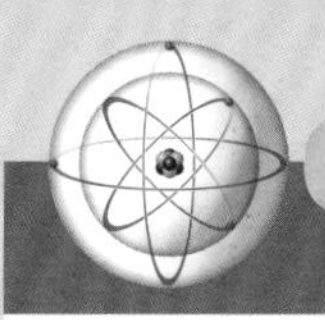

如岩石和铁；有些却比较软，比如肥皂。很多金属是容易弯折的，特别是在加热后，但岩石却恰恰相反。一片铜箔或铝箔很容易弯折，但如果大力弯折石头，石头就会碎裂。

▼ 食盐晶体是氯和钠两种元素的化合物，这两种元素经过化学反应就会形成一种新的物质——氯化钠（食盐）。

这些物理特性并不影响物质内部粒子本身的结构，不论粒子是结成固体，或是变为气体，自由地飘动，这些粒子本身并没有什么变化。但物质也有化学特性，这些化学特性会影响粒子重组的方式，从而形成全新的物质。

化学反应

在适当的条件下，两种或多种物质在一起会产生化学反应，生成全新的物质。在反应过程中，两种初始物质的原子重新排布，组成新的分子，因此反应前的初始物质因为化学变化而彻底消失，取而代之的是一种或多种新生成的物质。

通过化学反应生成的新分子拥有不同的形状和大小，包含不同组合的原子，也正是这种新组合可能让新物质拥有与先前完全不同的属性，比如固体和液体物质经过化学反应可能变成气体。

化合物与混合物

两种或多种元素的原子发生反应，生成一个分子，进而形成新物质，这个新生成的物质就叫作化合物。化合物包含了几种元素的原子，化学反应将这些原子结合在一起，并催生出迥异的物理属性和化学属性。

例如，碳酸钙是一种包含钙、碳、氧的化合物。钙是一种柔软的金属，碳是一

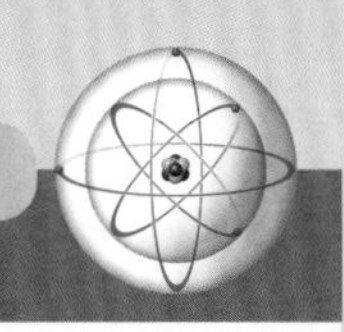

种非金属物质，而氧在常规条件下是一种气体，但这三者发生化学反应时，会产生一种结晶物质——碳酸钙，很多动物会用类似的结晶物质来做它们的壳。自然界中也存在天然的碳酸钙，通常出现在石灰岩、白垩岩和大理石中。

◀ 这个蜗牛的壳就是由碳酸钙构成的。钙的化合物是很多动物骨头、牙齿、外壳的重要组成成分。

近距离观察

元素、混合物、化合物

物质以不同的形式存在于自然界中，最基础的物质是元素。元素只含有一种原子，有的是单独的原子，有的则是包含多个原子的分子。把不同分子的物质混合在一起但不产生新的物理特性和化学特性，就形成了混合物。这个混合物的组成成分可以彼此分开。与混合物不同，化合物是两种或多种物质经过化学反应后产生的物质，而且通过化学手段只能从中分离出某种单一元素。

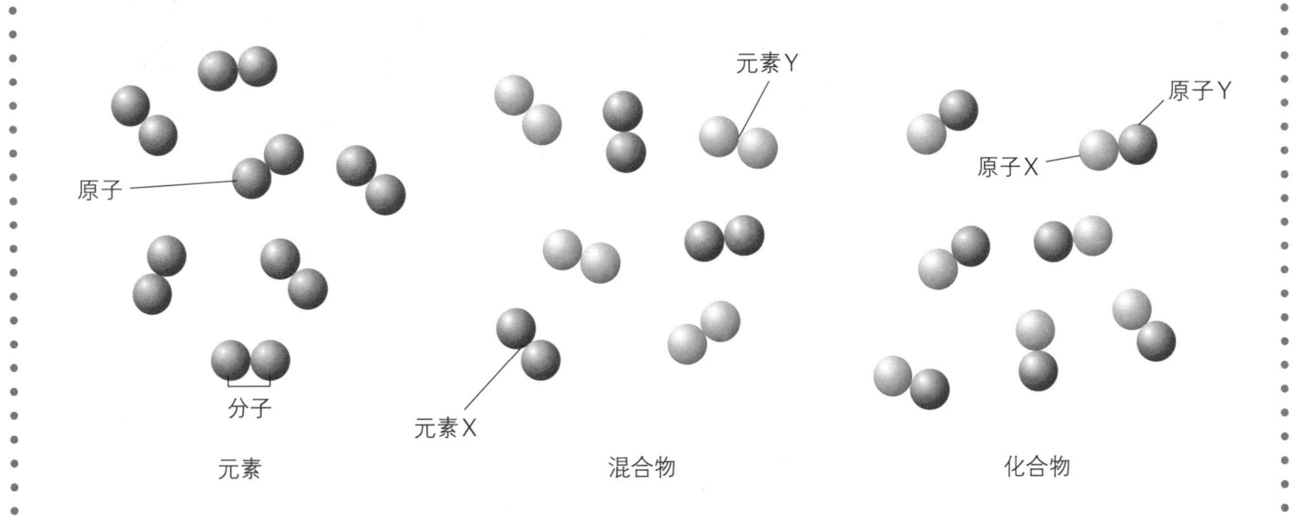

试一试

制作混合物

将少量沙子和盐混合在一起，不论你混合得多么充分，你总能清楚地区分的沙粒和盐粒，这就是一种非均匀混合物。现在，把这些混合物倒进一个大玻璃杯中，向玻璃杯里倒入热水，搅一搅，让颗粒下沉，现在你看到了什么？沙粒落到了杯子的底部，盐粒却消失了，因为盐粒已经溶解，与水形成了均匀的混合物，也就是溶液。

▼ 下图中的沙粒和盐粒虽然混合在一起，但可以被分离。

▶ 将右图的一杯水倒入其中，沙粒就会下沉，盐粒会溶解。

化合物与混合物并不一样。碳酸钙结晶并不是由钙、碳、氧三种原子随机混合后形成的。每一个碳酸钙分子都是由一个钙原子、一个碳原子和三个氧原子通过化学反应结合形成的。三种原子结合后就生成了完全不同的物质。

混合物的种类

在多种物质的混合物中，每一种物

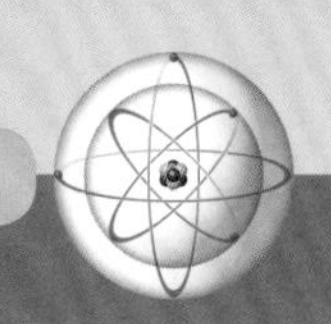

质的性质和其本身的性质是一样的。例如，鹅卵石和水可以混合在一起，但也可以轻易地彼此分开。鹅卵石和水的混合物受热时，水沸腾后蒸发为水蒸气，鹅卵石就留在原地，或者直接从水中拿走鹅卵石也行。鹅卵石和水混合在一起后，这两种物质的物理属性都没有变化。但是，当一个化合物形成时，其中的物质是通过化学反应结合在一起的，这个化合物具有一系列新的属性，并且无法轻易地恢复成初始的物质。

混合物主要有两种：非均匀混合物与均匀混合物。非均匀混合物包含两种或多种不同的物质。这些物质不均匀地分布在混合物中。一碗早餐麦片就是一种非均匀混合物，因为你能很容易地看清楚碗里面的麦片和牛奶，而要看清均匀混合物中的物质是比较难的，因为其中所有的成分都是均匀地混合在一起的。例如，黄油就是一种水和脂肪的均匀混合物。很多均匀混合物包含水。另一个例子就是咖啡，咖啡颗粒中的分子均匀地混合在水分子中，从而让咖啡具有独特的味道和颜色。加入一勺糖后，糖的分子也均匀地混合进去。此时你不可能用肉眼分清咖啡里不同的成分，人们称这种混合物为溶液，其中的水叫作溶剂，咖啡和糖因为会溶解进水中而叫作溶质。

▲ 这碗早餐麦片就是一种典型的非均匀混合物，即便放在一个碗里，你也很容易就能看清楚里面的成分。

关键词

- **化合物**：由至少两种元素经过化学反应生成的物质。
- **非均匀混合物**：不同物质混在一起形成的物质，但分散得并不均匀。
- **均匀混合物**：不同物质混合在一起形成的物质，而且分散得均匀。
- **混合物**：不同种物质混合在一起形成的物质，但不发生物理或化学反应。

2 什么是元素

元素是自然界中最基础的物质，元素不可以再分解为更小的物质，而且每种元素都有自己特定种类的原子，这些原子也都有特定的大小、质量（含有物质的量），同时元素也都有特定的化学属性。

原子各不相同，地球上自然存在的原子有92种，这些原子构成了最基础的物质——元素。自然界中的元素中，四分之三是金属元素，有十种元素在标准大气压下是气体，两种是液体，其中还包括一种金属液体。有些元素会和绝大多数元素发生反应，但有一小部分不容易和其他元素发生反应。

宇宙之中可能存在这92种元素之外的元素，但这些元素不稳定，不会自然存在于地球上，它们可能只会存在很短的时间，然后就会分解为更加稳定的元素。科学家在实验室里制造出了其中一些元素，但一次只能制造出一小部分，而且这些元素不一会就分解了。

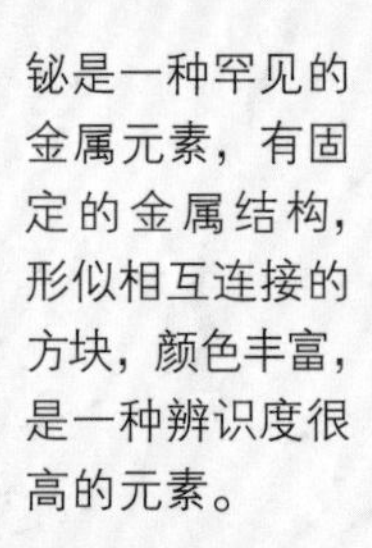

铋是一种罕见的金属元素，有固定的金属结构，形似相互连接的方块，颜色丰富，是一种辨识度很高的元素。

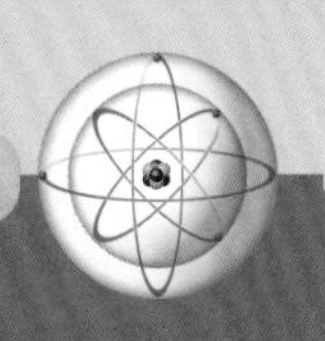

化学在行动

地球上的元素

宇宙中最常见的元素是氢，在所有原子中，氢原子是最小、最简单的，宇宙中由氢元素构成的物质占四分之三，而地球上最常见的元素是铁，地球内核的大部分物质是铁。但是，地球表面最常见的元素是硅和氧，比如二氧化硅就是沙子的主要成分，同时也存在于大部分岩石中。有些元素也确实非常少见，例如地球上所有石头加在一起也只能凑出28克的砹。

固态的地幔由铁、镁、铝、硅和含氧化合物组成，可分为上地幔和下地幔

液态的铁、镍外核

固态的铁、镍内核

陆地和海床下的地壳由铝、钙、硅和含氧化合物构成

▲ 地球内部分为多层地质结构，包含不同元素和化合物。铁是地球上最常见的元素，在不同压强和温度下以固态或液态存在。

发现元素

人们早就知道一些基础物质化合后，可以生成新的、完全不同的物质。如今，化学家已经明白原子的构造，也了解了各种元素彼此不同的性质，但在得到这些科学解释之前，人们对元素的看法可谓多种多样。

历史上，人们在几百年的时间里认为万事万物是由四种元素组成的，那就是水、火、土、气，而这些元素的工作原理更像是一种魔法，因为当时人们无法用科学来解释。尽管如此，人们依然认为元素是最基础的物质，这种想法并不是错误的，只是没人发现前面说的那些真正的元素。

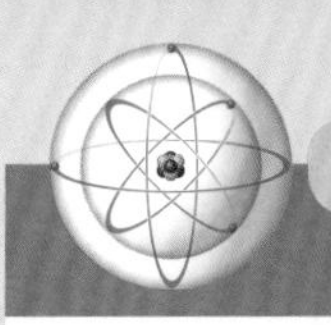

▲ 这幅由英国艺术家约瑟夫·赖特创作的画描绘了一位正在工作的炼金术士。约瑟夫·赖特活跃于18世纪，他对科学发展以及前人如何感知世界有着浓厚的兴趣。

化学的诞生

最开始研究物质变化的人并不是化学家，而是炼金术士。约2500年前，埃及就有炼金术士工作的记录。炼金术士不是科学家，而且在人们的印象中，他们的工作往往和魔法有关。他们制作毒药和解药，认为可以用魔法来变换物质。

与科学家不同，炼金术士不进行正确的科学实验，也不了解化学的基本原

近距离观察

“莫名其妙的”炼金术士

炼金术士和现代化学家很不一样，化学家研究科学，与他人分享自己的发现，也互相检查彼此的发现，确保这些发现是正确的，并依靠这些发现成果来进一步地了解原子与分子的行为。而相比之下，炼金术士的主要目的是求得三样东西：不老泉、万灵药和点金石。拥有这三样东西，无疑会让炼金术士拥有强大的力量，因此炼金术士都不想让别人了解自己的工作，于是他们用密语和奇怪的符号做笔记。最具影响力的一个炼金术士就是阿拉伯人贾比尔·伊本·哈扬，也被称为吉伯（Geber），他把笔记写得让人看不懂，经常驴唇不对马嘴，鬼话连篇，所以英语单词“gibberish”（意为莫名其妙的、令人费解的话）就源自于贾比尔的名字吉伯（Geber）。

▲ 这幅雕刻描绘了一位炼金术士，他周围是用来进行实验、制备药水的设备和关于魔法的书籍。18世纪，随着科学知识的增加，炼金术开始被化学取代。

理，比如化合物与混合物的区别，但是他们确实有重要的发现。例如，经过一系列操作，炼金术士开始明白世界上不只有四种元素，他们发现了几种金属元素，包括汞、铁、金，他们还正确地了解到硫、砷和其他非金属物质也是元素，同时他们还开始使用符号来标记每一种元素，而现代化学家也是这么做的。然而，炼金术士们都没有真正懂得元素是由原子构成的，也没有制造出化合物，这些都是化学家用科学方法研究元素属性时发现的。

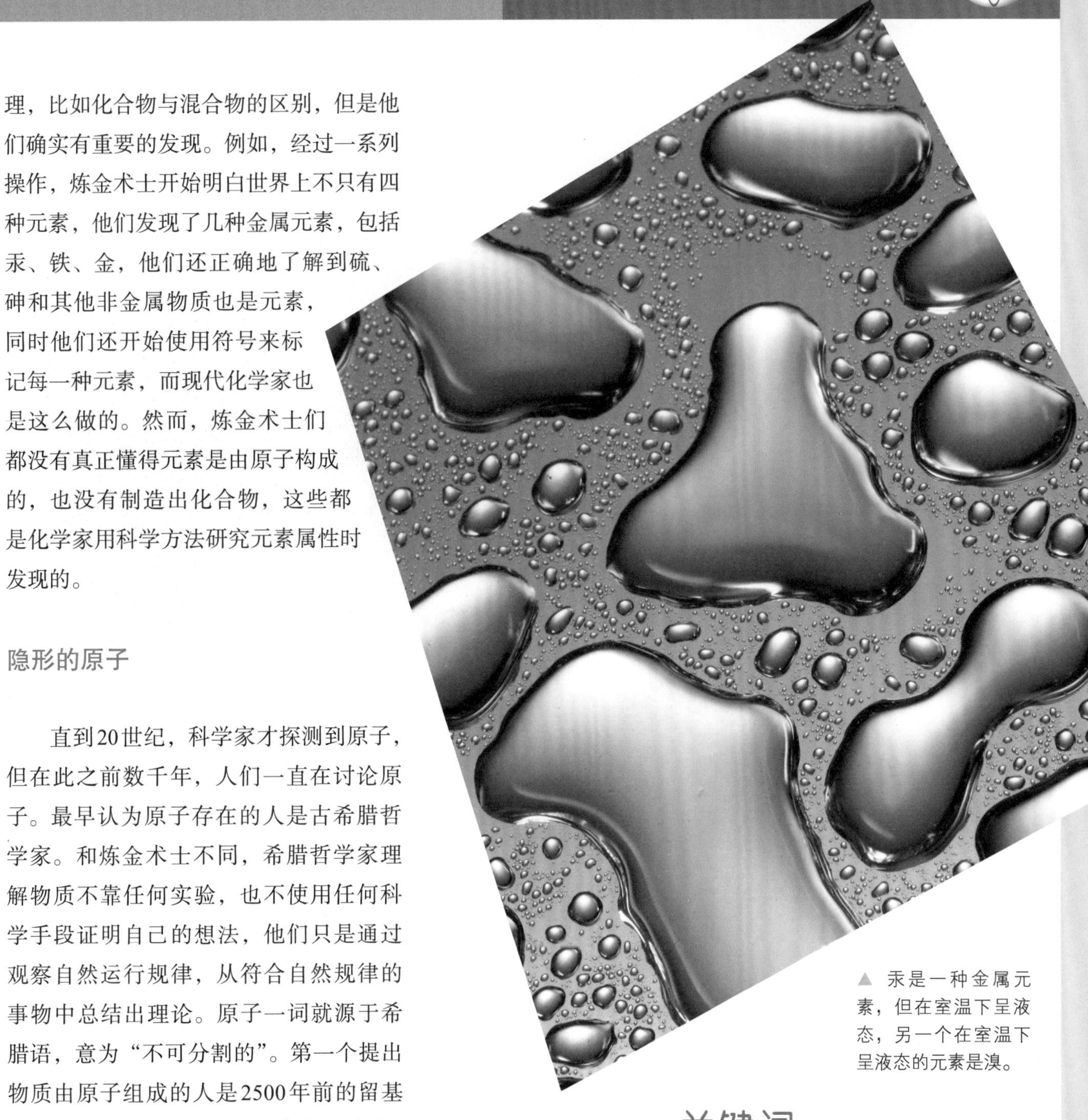

▲ 汞是一种金属元素，但在室温下呈液态，另一个在室温下呈液态的元素是溴。

隐形的原子

直到20世纪，科学家才探测到原子，但在此之前数千年，人们一直在讨论原子。最早认为原子存在的人是古希腊哲学家。和炼金术士不同，希腊哲学家理解物质不靠任何实验，也不使用任何科学手段证明自己的想法，他们只是通过观察自然运行规律，从符合自然规律的事物中总结出理论。原子一词就源于希腊语，意为“不可分割的”。第一个提出物质由原子组成的人是2500年前的留基伯。留基伯认为所有的原子都长一个样，不会受到挤压、拉扯、破坏，原子之所以存在是因为自然界中的事物是不断变化的，但他也明白新事物不会凭空出现，所以他认为事物所有的变化都是由原子

关键词

- **炼金术士**：使用原始化学手段和“魔法”将一种物质转变成另一种物质的人。
- **四元素**：一种古老的理论，这种理论认为所有物质都只是由四种元素单独或混合后组成的，即水、火、土、气。

工具和技术

窥探原子

科学家已经有方法给原子的表面拍照了，这需要使用一种机器，叫作扫描隧道显微镜 。扫描隧道显微镜有一个金属探针，针尖极其细小，能够接触到原子，从而和原子产生电流，因此这个机器只能用于窥探导电元素的原子，比如金属。探测时，将金属探针悬在物体的表面上，探针针尖接近原子时，电流强度增大。一些元素的原子会产生较强的电流，而有些就较弱。计算机利用电流的增强和减弱，绘制物体表面原子的图片。

▲ 黄色阴影部分代表金原子，绿色阴影部分代表碳原子，上图显示的是金原子位于一层碳原子上。

重新排列组成的，原子本身并没有变化，变化的只是原子排列的方式。留基伯和他的追随者并不了解原子是如何构成的，也不明白原子为什么会按照某种特定的方式排列，然而他们的原子理论在很多方面是正确的。

科学方法

在化学家开始用科学方法研究物质时，他们认识到物质确实是由原子组成的，但并不是所有原子都长一个样。英国科学家约翰·道尔顿在19世纪初期有了巨大发现。道尔顿发现，两种气体混合在一起时并不会混合成一团气体来填充整个容器里的空间，可留基伯曾说过所有事物都是由同一种原子组成的，那为什么这两种气体中的原子会做出不一样的运动呢？道尔顿看见这两种气体各自扩散，都均匀地遍布在容器里。这个简单的观察证明了任意两个原子并不是完全相同的，留基伯的观点是错的。这

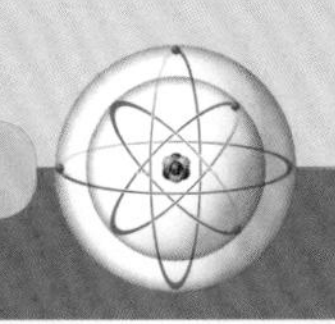

▲ 西班牙毕尔巴鄂的古根海姆博物馆表面覆盖了一层金属元素——钛。钛是19世纪早期就已经发现的25种元素之一。

两种气体一定包含了不同的原子，才会产生不同的效果。

重量和测量

到19世纪早期，科学家已经发现了25种元素，其中包括金、汞、铜等早已广为人知的金属元素，同时也包括新元素，比如氧。氧这种元素是在约翰·道尔顿进行实验的前几年被人发现的。

▶ 英国科学家约翰·道尔顿是第一个提出不同元素原子的运动方式也不同的人。

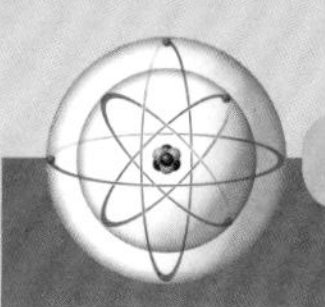

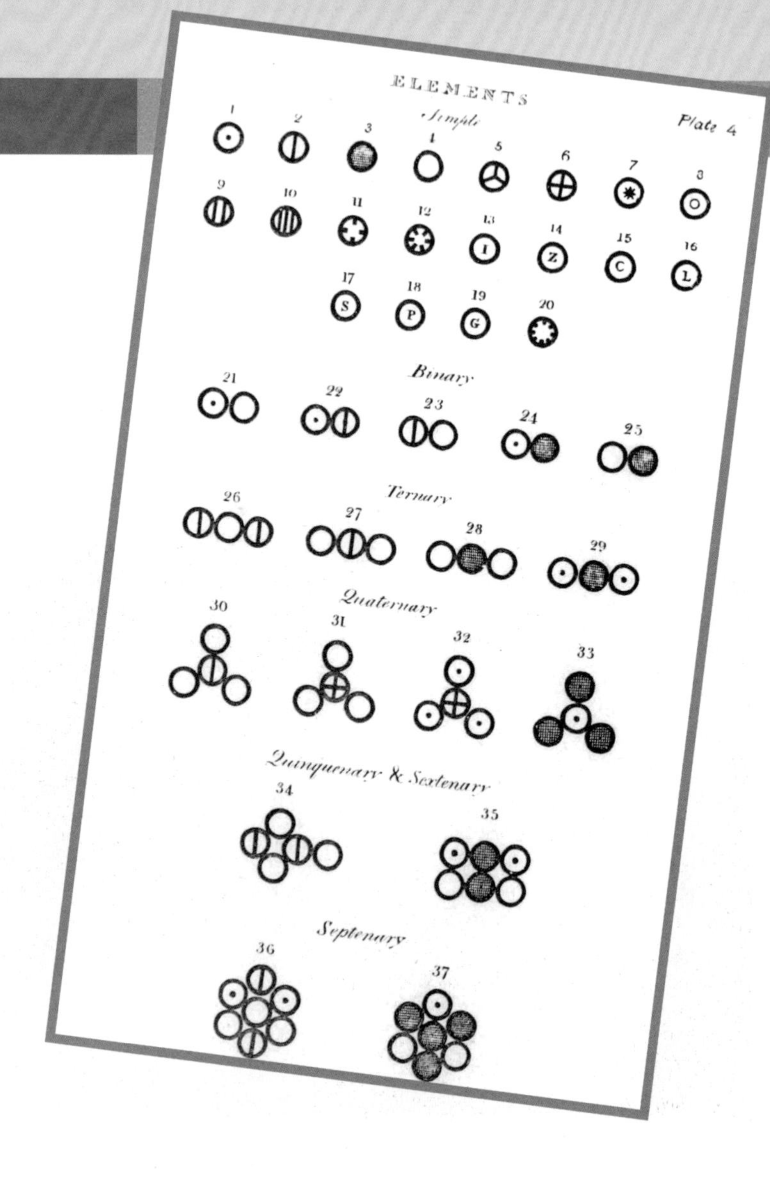

道尔顿提出每个元素都有自己的原子，同时他还发现不同元素间的主要区别是质量（一个物体包含的物质的总量）与密度（一个物体在一定体积时的质量），他还找到了测试一个元素质量的方法：用这种元素和一定质量的另一元素反应，然后测量产生的物质的质量，与第二个元素相比较，就能计算出第一个元素的质量。化学反应会催生新的化合物，这个化合物的质量就是增加的原子的质量。使用这种测量方法，道尔顿计算出了每种原子相对于其他原子的质量，同时他还发现了不同元素以相同比例形成的化合物。例如，一个化合物可能包含两种元素，而这两种元素的占比是相同的，或者其中一种元素的占比是另一种元素的两倍。但是，组成元素的分量都是整数，你永远都不会找到一种元素的1个原子和另一个元素的1.5个原子组合在一起。

▲ 这份表格记录了化学元素、化合物和化学符号，由约翰·道尔顿于1808年绘制。每个圆形符号代表一个原子，结合在一起就代表分子。人们已经不再使用这份表格，但道尔顿在表格中表达的观点大部分是正确的。

化学符号与化学式

道尔顿的这个发现其实描述了化合物分子中的原子是如何排布的，只是他自己当时并不知道而已。一种简单的化合物比如氯化钠，也就是我们常说的盐，只需要同样份数的钠原子和氯原子反应后就能生成。各种元素的份数放在一起的比就叫比例，氯化钠中两种元素的比例就是1比1。然而，一些化合物含有多种元素，各元素的占比也更加复杂。例如，水分子由2份氢原子和1份氧原子反应生成，所以水这种化合物的元素比例就是2比1。

化学家就是用这种比例来精确表示分子的成分。和炼金术士一样，化学家也是用符号来表示每一种元素，不同的是化学

关键词

- **化学符号**：代表化学物质的英语字母，比如Cl代表氯，Na代表钠。
- **化学式**：代表化合物的字母和数字，比如H_2O代表水。

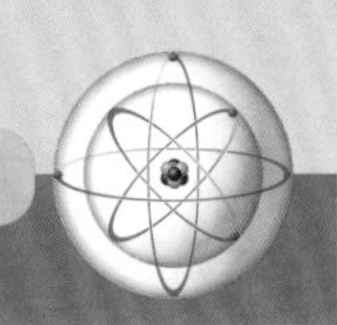

近距离观察

分子与化学式

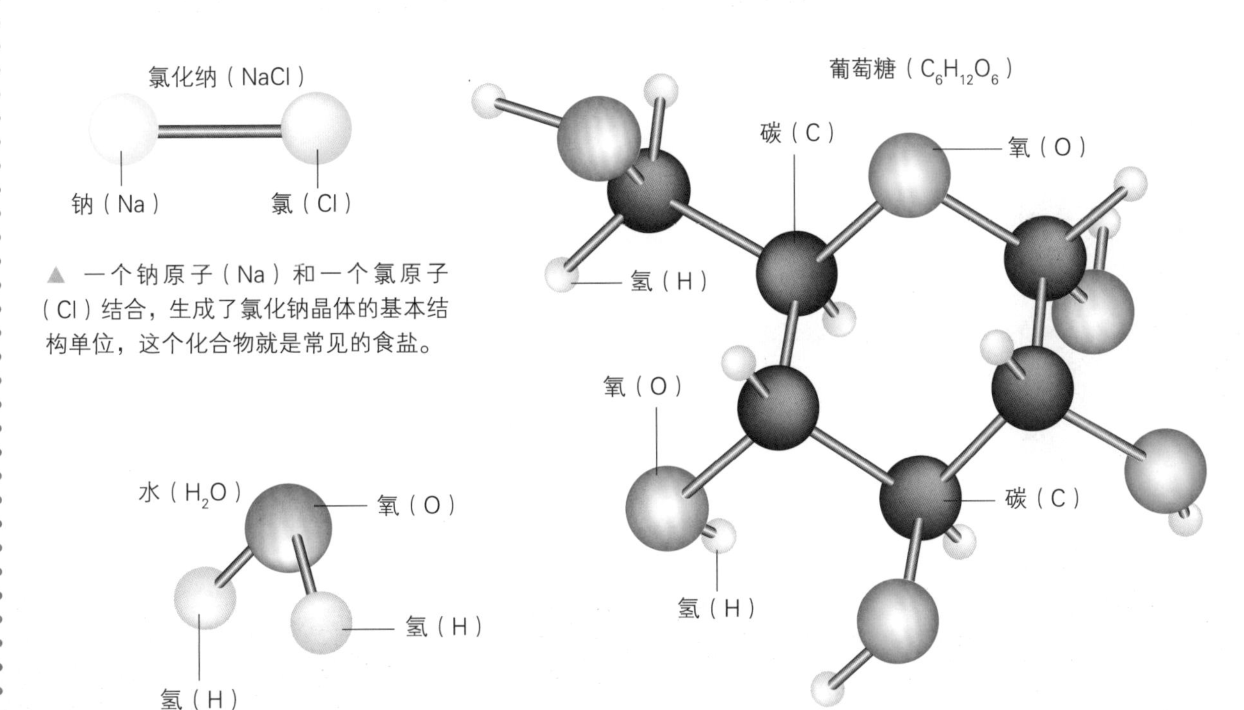

▲ 一个钠原子（Na）和一个氯原子（Cl）结合，生成了氯化钠晶体的基本结构单位，这个化合物就是常见的食盐。

▲ 一个氧原子（O）和两个氢原子（2H）结合在一起，生成一个水分子（H_2O）。

▲ 葡萄糖是一种糖，这个复杂的分子由6个碳原子（6C）、12个氢原子（12H）、6个氧原子（6O）组成，放在一起就是$C_6H_{12}O_6$。

家选择的符号更加容易理解。氢的符号是H，氯的符号是Cl，氧的符号是O。一些元素符号不太好辨认，因为这些符号并非取自英语，而是取自其他语言，比如钠的符号是Na，来自拉丁语“Natrium”，铁的符号是Fe，取自拉丁语“Ferrum”，意为“铁”。

化学家将化学符号和元素占比结合起来，制作成化学式，用来形容一个化合物包含了哪些元素、各元素占比多少。例如，氯化钠的化学式是NaCl，水的化学式是H_2O，下标的2表示每个水分子中有2个氢原子和1个氧原子结合。有的化合物成分更加复杂，比如葡萄糖，内部的分子更大，也就包含了更多原子，化学式是$C_6H_{12}O_6$。

3 什么是原子

元素的属性由内部原子的组成方式决定，每种元素都由特定的原子组成，而原子本身又是由更小的粒子组成的，每种元素的原子中含有的粒子数量都是特别的。

长久以来，科学家认为原子是构成物质的最小粒子。到了20世纪，科学家开始认识到，原子也是由更小的粒子组成的，他们称之为亚原子粒子，这种粒子共有三种，分别是质子、中子、电子。所有原子都是由这三种粒子构成的，而且这三种粒子总是按照同样规则排列的，它们的数量也决定了元素的物理属性和化学属性。一种元素的原子如果拥有很多粒子，这种元素的密度就会非常大，反之亦然。亚原子粒子的数量也决定了这种元素是否活跃。

图中的曲线和螺旋线条展示了离子检测器记录的亚原子粒子运动的轨迹。

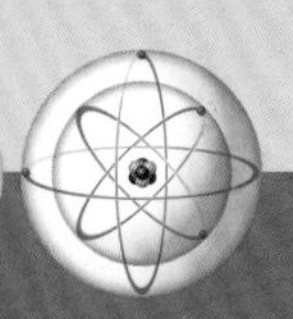

质子

原子内部大部分是空着的空间，其中包含的粒子非常小，位于中央的微小的核叫作原子核。

原子核包含的第一种粒子叫作质子。1920年，科学家首次使用“Proton”一词代表质子，这个词来自希腊语中表示第一的词，之所以用这个词是因为质子是科学家在原子中发现的第一种粒子。电子虽然是在1897年发现的，但直到发现质子后人们才知道电子也是原子的一部分。

原子内质子的数量决定了元素的种类。氢元素的原子最简单、最小，原子核中就只有一个质子。大原子的原子核中有更多的质子，比如自然界中天然生成的最大元素是金属铀，它的原子中有92个质子。原子中质子的数量就是原子的原子序数。每种元素的质子数量都是特别的，如果两个原子的原子序数不同，那这两个

化学在行动

微小粒子

亚原子粒子特别小，一克电子中含有的粒子比宇宙中的行星多至少1 000倍，要知道天文学家估算宇宙中有大约十万亿颗行星。最大的原子直径约五百万分之一毫米，而占据原子大部分质量的原子核，直径却只有几万亿分之一毫米，就相当于一个体育场中心处放着的一颗乒乓球。

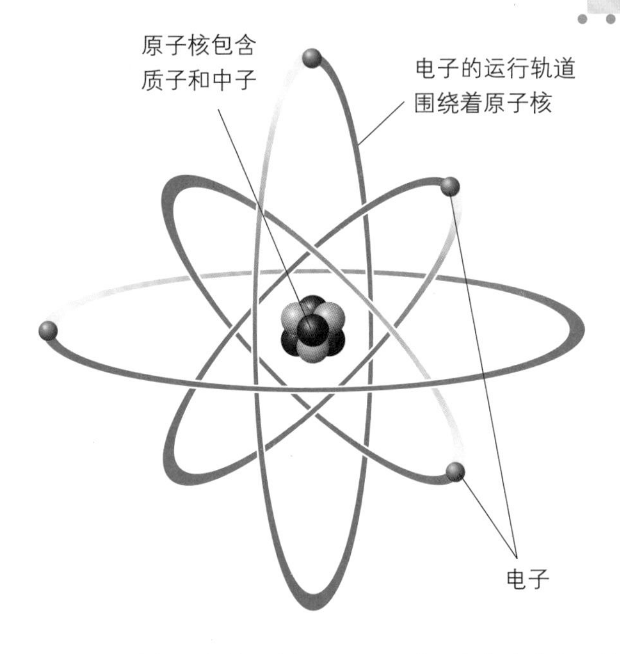

▲ 原子内部是空着的空间，质子和中子聚集在中央区域的原子核中，电子围绕着原子核运动。

▶ 这张表显示了元素周期表中前14个元素的亚原子粒子。中子与质子的数量不总是一致，原子质量数相当于原子核中质子数量与中子数量的和。

	质子数	中子数	电子数	原子质量数
氢	1	0	1	1
氦	2	2	2	4
锂	3	4	3	7
铍	4	5	4	9
硼	5	6	5	11
碳	6	6	6	12
氮	7	7	7	14
氧	8	8	8	16
氯	9	9	9	18
氖	10	10	10	20
钠	11	12	11	23
镁	12	12	12	24
铝	13	14	13	27
硅	14	14	14	28

▼ 铝用途广泛，比如可以用来制作饮料罐，每个铝原子包含13个质子、14个中子和13个电子。

原子就属于不同的元素。质子带有一个正电荷，这是质子的基础特性，而且每个质子的电荷都是一样的，化学家将这个正电荷描述为+1。质子的电荷决定了它推开、拉扯原子内其他粒子的方式。原子核中含有质子，所以原子核永远带有一个正电荷。大的原子的原子核中含有很多质子，所以大原子的电荷要强于小原子的电荷。

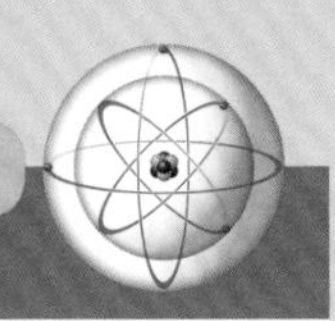

中子

除氢元素外，其他所有元素的原子核中都有第二种粒子——中子。中子比质子略轻，但并不带有电荷，是中性的。正因如此，中子在化学反应中作用并不大。含有中子的元素中最简单的是氦，氦原子核中有两个质子和两个中子。

关键词

- **原子序数**：原子核中的质子数。
- **亚原子粒子**：比原子更小的粒子。
- **电子**：围绕在原子核周围的亚原子粒子，带有负电荷。
- **中子**：原子核的组成粒子之一，不带电荷。
- **原子核**：原子的核心成分，是质子和中子的紧密结合体。
- **质子**：原子核中带正电荷的粒子。

化学在行动

原子的结构

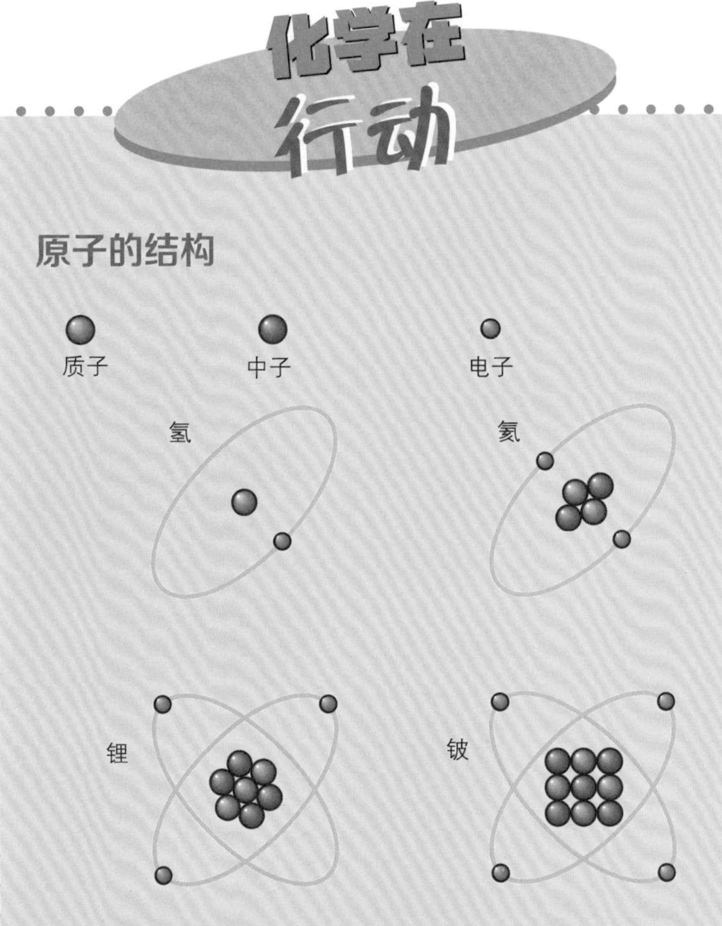

▲ 原子核中的质子数量决定了原子属于何种元素，中子和质子的数量往往是相同的，但也不总是相同。质子和电子带有电荷，质子带正电荷，电子带负电荷，中子是中性的，不带电荷。

大原子的中子数量也和质子数量大致相同，但元素之间各不相同。原子核中粒子的数量是质子与中子之和，也就是原子质量数，例如大多数氢原子的原子质量数是1，即1个质子，没有中子，而大部分碳原子的原子质量数是12，即6个质子和6个中子。通过原子质量数，科学家能够知道一个原子中含有多少物质、这个原子有多重。

电子

第三种亚原子粒子是电子。电子并不位于原子核内，而是绕着原子核运动。电子比质子和中子轻大约1 830倍。

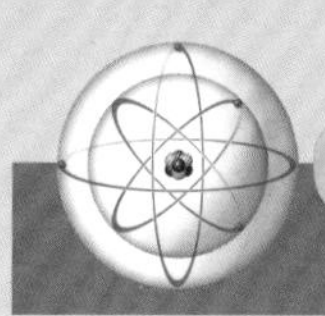

电子虽然体积很小，却带有一个负电荷，和质子正好相反。带有不同电荷的粒子会互相吸引，带有负电荷的电子会被拉向带有正电荷的原子核，正是这个力将电子固定住，从而形成原子。

原子中的质子数和电子数总是相同的，比如氢原子有1个电子，而氦原子有2个电子。质子与电子的数量相同，导致质子的正电荷与电子的负电荷维持平衡，所以整个原子是不带电的。

不同的原子质量数

一种元素的所有原子的原子质量数通常都是相同的，但也存在一些差异，因为有些元素的原子核中的中子数量是不同的，这样不同的元素叫作同位素。

▼ 美国科罗拉多大峡谷中的岩石是红色的，因为这些岩石中含有铁元素。铁是岩石中常见的成分，铁原子的原子质量数并不是一成不变的，约百分之九十的铁原子的原子质量数是56，剩下约百分之十的原子质量数不同是由于原子核中的中子数不同。

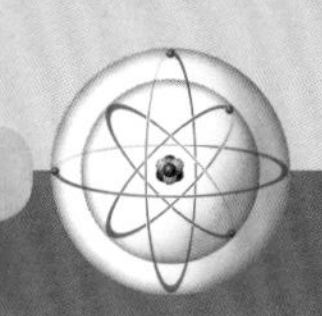

工具和技术

▶ 在卢瑟福实验中，实验人员用一束阿尔法粒子（氦原子核）轰击一张薄薄的金箔，实验设备放在真空环境中，防止阿尔法粒子碰撞到空气后反弹。可移动的探测器围绕着金箔转动，测量穿过金箔的阿尔法粒子数量和被金箔折射的阿尔法粒子数量。大多数阿尔法粒子直接穿过金箔，但有一些发生折射，很小一部分被反弹。

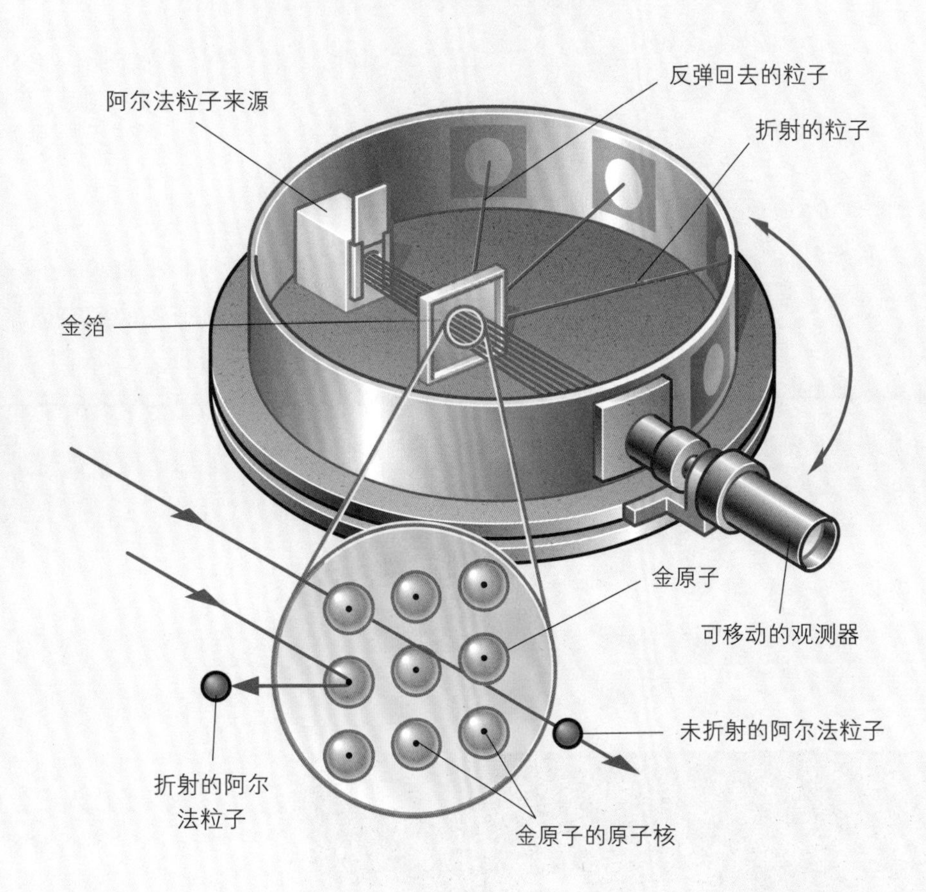

发现原子结构

1897年，科学家发现了电子。1910年，科学家首次分离出了一种粒子，10年之后将其命名为质子（Proton）。1932年，科学家发现了中子。起初，科学家认为质子和电子的数量和排布在一定程度上是固定的，来平衡粒子之间不同的电荷，但在1911年欧内斯特·卢瑟福发现质子实际上存在于原子中心小小的原子核中。卢瑟福朝着一块薄薄的金箔发射阿尔法粒子束，大部分阿尔法粒子直接穿过金箔，但有一些发生折射或反弹回来了。卢瑟福进一步发现粒子束只在金箔十分微小的区域受影响，这块区域比单个原子的面积还小，于是他意识到质子只占原子中心很小的区域，他将这个区域称为原子核。

化学在行动

碳测年法

一些同位素具有放射性，它们随着时间的流逝，会衰变成其他同位素或元素，所以放射性同位素可以用来识别一个物体诞生的年代。不同的年代需要使用不同的同位素来测定，碳-14可以测定曾经活着的生物的年代，比如树木、骨头，甚至是用自然材料制作成的衣服，因为碳是构成所有生物的一种基本元素。因此科学家认为一个生物诞生时，它的体内一定含有一定量的碳-14原子。多年之后，这些原子衰变，碳-14的含量也自然地下降。所以，通过计算一个生物遗骸中的碳-14总量，科学家就能知道它存活于哪个年代。这项技术最远能够测定五万年前的物体。

◀ 一位科学家从一根骨头中取样，计算样品中碳-14和碳-12的比例，通过得出的数据，科学家可以准确地估算出样品所处的年代。戴手套是为了防止活体组织破坏样本。

关键词

- **阿尔法粒子**：是某些放射性物质衰变时放射出来的粒子，由两个中子和两个质子构成，带正电荷。
- **同位素**：一种元素原子的质子数量总是相同的，但中子数量却不相同，这些中子数不同的相同元素叫作同位素。

比如氢原子就有三种同位素。大多数氢原子的原子质量数是1，也就是原子核中只有一个质子，但大约0.015%的氢原子中有1个中子和1个质子，这种同位素的原子质量数就是2，这个同位素叫作氘。氢的第三个同位素叫作氚，原子核中有2个中子，所以其原子质量数是3，但这种同位素每十亿兆个氢原子中才有一个。

同位素

为了让人们分清楚原子的同位素，科学家将原子质量数写在元素符号的上方，原子序数写在下方，比如碳元素的主要同位素$^{12}_{6}C$，也被称为碳-12（C-12）。另外，氘和氚原子都具有放射性，它们的原子核很不稳定，会快速瓦解，释放辐射。其他元素的很多不常见同位素也具有放射性。

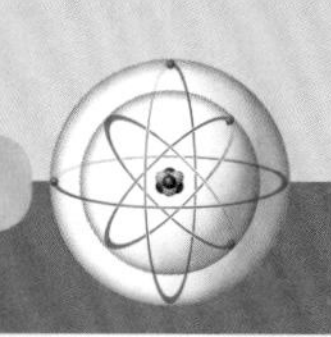

近距离观察

同位素

氢元素有三种同位素，最常见的是氢（^1_1H），这种同位素的原子核中只有一个质子，没有中子，而氘（^2_1H）和氚（^3_1H）特别罕见，这两种同位素的原子核中各有1个和2个中子。和氢同位素不同，大多数元素的同位素没有特别的名字，所以通常用原子数表示，比如碳-12和碳-14。一种元素不同同位素的电子数量是不变的，和原子序数与质子数量一样。

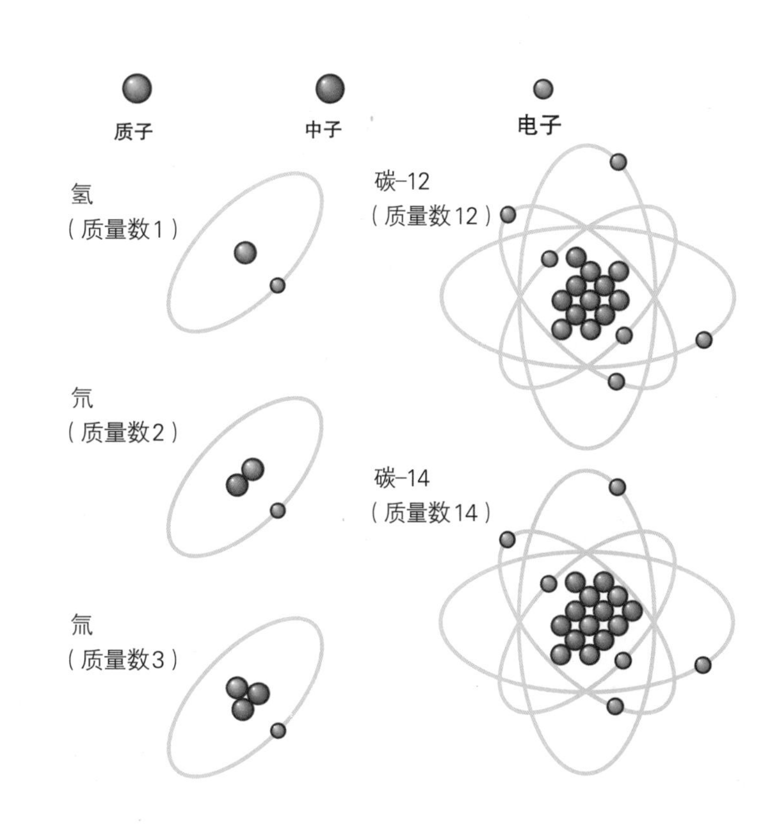

计算原子质量

化学家利用一种现存元素的每一种同位素的相对质量，得出平均的原子质量。例如，大多数氢原子的原子质量数是1，但一小部分的氢原子原子质量数是2或3，所以平均下来氢原子的原子质量数就稍微大于1，确切点说是1.00794，这个数字就是氢元素的原子质量。为了方便计算，化学家将氢原子质量定为1。

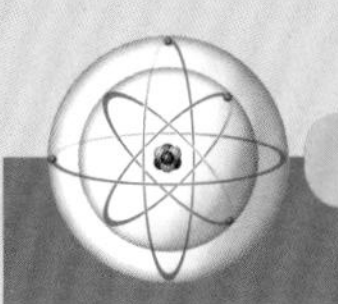

相对原子质量

原子实际质量非常小，一个氢原子大约重1.7×10^{-24}克，如果使用这么小的单位来对比原子的质量就会特别难懂，所以化学家将不同元素的原子质量相互对比来表示，也就是使用原子质量数，比如氢元素的原子质量是1，氦的原子质量是4，

关键词

- **摩尔**：国际单位制基本单位中物质的量的单位。1摩尔精确包含$6.022\,140\,76 \times 10^{23}$个基本微粒。
- **相对原子质量**：通过与另一种原子的原子质量对比而得出的原子质量。
- **相对分子质量**：分子中所有相对原子质量的总和。

▼ 这些蓝色晶体由硫酸铜分子构成，其相对分子质量可以通过加和其中每种元素的相对原子质量得出。铜的相对原子质量是64，硫的相对原子质量是32，氧的相对原子质量是16，所以包含4个氧原子的硫酸铜的相对分子质量是160。

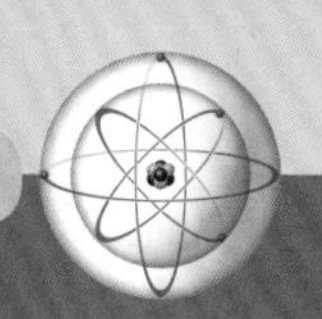

工具和技术

质谱仪

每种物质的元素都包含一定数量的原子，化学家可以利用这一特性来识别几乎所有材料的成分，使用的工具是质谱仪。质谱仪可以检测出材料里原子和分子的大小，并计算出它们的占比。首先将样品材料加工成气体，再给气体施加强电流，夺走其中的电子，让分子和原子带有正电荷。然后，注射磁铁将带电荷的气体变为气体束，这个气体束再加速轰击、穿过分析磁铁，同时分析磁铁让气体束中的粒子转向。轻的粒子折射得更多。最后，这些粒子再进入探测器中。科学家可以通过观察粒子轰击的位置来判断粒子的质量。知道粒子质量后，科学家就可以分析出这些粒子是由什么原子或原子组合构成的，进而可以分析出样品中含有什么物质。

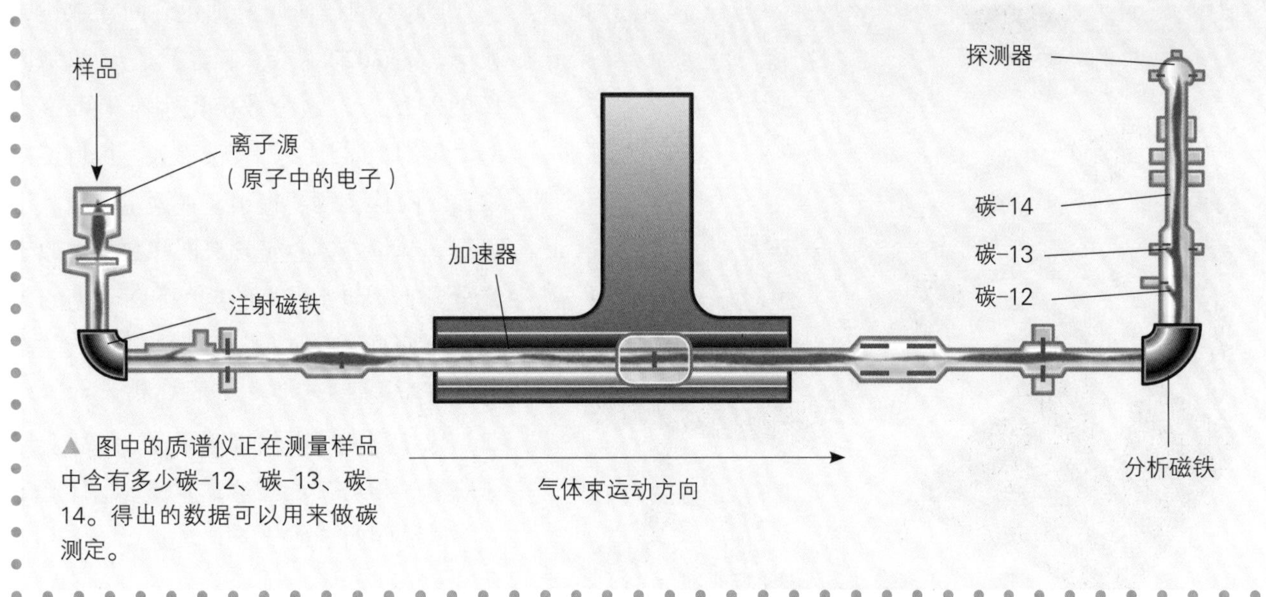

▲ 图中的质谱仪正在测量样品中含有多少碳-12、碳-13、碳-14。得出的数据可以用来做碳测定。

碳的原子质量是12，这意味着碳原子的质量是氢原子的12倍，氦原子的3倍。所以化学家通常将原子质量称为相对原子质量。

分子包含不止一个原子，相对分子质量也就是各原子的相对原子质量的总和，例如水分子中有两个氢原子（原子质量为1）和一个氧原子（原子质量为16），所以水的相对分子质量是18。弄清楚不同物质的相对分子质量和相对原子质量，科学家就能了解这些物质在化学反应过程中怎样结合、会发生什么变化。

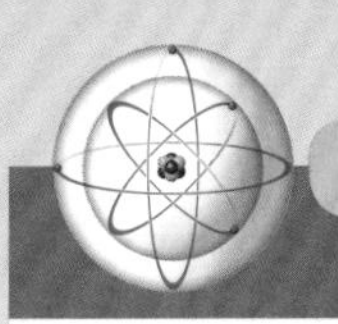

试一试

计算分子数量

水的相对分子质量是18，1摩尔水的质量是18克，你可以以此计算出一杯水有多少分子。拿一个空杯子，倒入水，记录水的质量，然后除以水的相对分子质量18，得出这杯水的摩尔数，再乘以阿伏伽德罗常数，就可以计算出这杯水中有多少水分子了。

▲ 如果图中的烧杯重10克，那么水的重量是90克，90克除以18得5，因此烧杯中有5摩尔的水。

摩尔

为了计算元素和化合物中含有的物质的数量，化学家发明了一个单位——摩尔。摩尔是指12克的碳-12（相对原子质量是12）原子的数量。化学家选用这个同位素来定义摩尔是因为碳是地球上十分常见的元素。任何元素1摩尔的质量都用克来表示，等于其原子质量，例如1摩尔氢的质量是1克，而1摩尔的铅（原子质量207），重量是207克。

1摩尔的任何元素都包含同样数量的粒子，约6.022×10^{23}，也就是6.022乘以10的23次方，这个数字比宇宙中可推测的恒星的数量还多，又被称为阿伏伽德罗常数。阿伏伽德罗提出，在固定温度、压强下，等量气体总是含有同样数量的原子或分子，因此1千克的氢气和1千克的氧气含有同样数量的原子，但1千克氧的相对原子质量是1千克氢气的16倍。

化学家使用阿伏伽德罗常数、相对原子质量、相对分子质量，能轻松地计算出一个样品的原子或分子的数量。

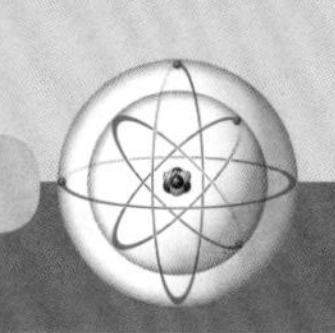

人物简介

阿莫迪欧·阿伏伽德罗

1776年8月9日，阿莫迪欧·阿伏伽德罗出生于意大利都灵市。他的父亲是一名律师，希望子承父业，但阿伏伽德罗对物理学和数学越来越感兴趣。1806年，阿伏伽德罗被聘为都灵学院的教师。1811年，他发表了一篇论文，提出在同样温度和压强下，同样体积的气体包含的分子数量是相同的。多年以后，学术界才意识到他的理论是如此重要，对化学学科的发展产生了巨大的影响，因此这个常量就以阿伏伽德罗的名字命名，以纪念他对人类研究原子、分子做出的巨大贡献，但他本人并没有机会知道这一切，也不知晓摩尔这个单位。

160克的硫酸铜
($CuSO_4$)

183克的硝酸钴
[$Co(NO_3)_2$]

◀ 这些化合物的样品都可以使用阿伏伽德罗常数测量。

4 什么是电子

电子在化学反应中扮演着重要角色，电子围绕着原子排布的方式影响元素之间的反应速率，同时电子还能够产生光。

虽然原子的大多数质量锁在高密度的原子核中，但原子的大多数行为是由这些围绕着原子核运动的微小电子控制的，比如原子参与化学反应的部分就是电子。

电子的排布

原子中每个电子都有自己的位置，电子之间互相排斥，永远不会相互触碰。这些电子还按壳层来排布。不同原子的壳层数也不相同，这取决于这个原子有多少电子。例如，氢只有一个电子，所以只有一个壳层，但铀（自然界能生成的原子量最大的元素）的原子有92个电子，排布在7个壳层中。最靠近原子核的壳层最小；离原子核越远，壳层越大，能包含的电子也就越多。

太阳发射的粒子以太阳风的形式吹进宇宙中，并在宇宙中穿行。一股太阳风击中地球时，里面的粒子会和地球大气层中的原子碰撞，将原子中的电子从一层撞击进另一层中，以光的形式释放出能量。人们可以在地球的北极或南极的天空中看到这些光，这些光被称为极光。

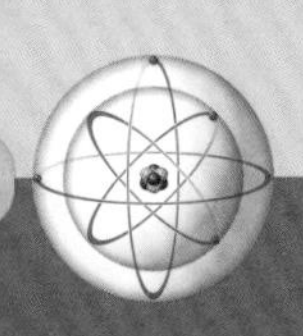

近距离观察

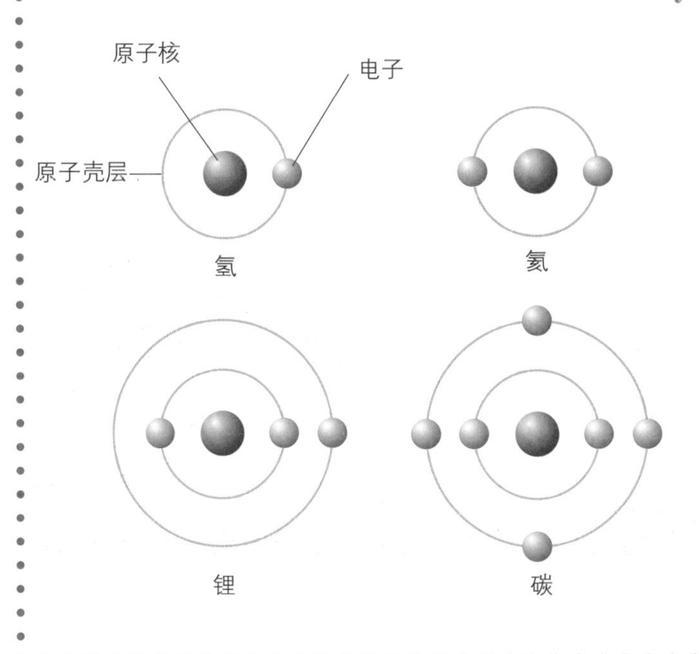

电子壳层

电子在电子壳层里的排布是按照固定顺序的。元素周期表中的第一个元素氢，只有一个电子围绕原子核转动，第二个元素氦有两个电子围绕原子核转动。里面的一层电子壳层离原子核很近，所以只能存在两个电子。下一个元素是锂，有三个电子。里面的电子壳层已经存满了电子，所以第三个电子只能在下一个壳层中围绕原子核运动。第二层最多能存8个电子，第二层存满电子的原子很稳定，不具有放射性。锂需要7个电子、碳需要4个电子才能保持稳定。

能级

电子壳层有时也被称为能级。在最靠近原子核的壳层中，电子的能量最低；在最远离原子核的壳层中，电子的能量最高。一个原子接收到能量时，比如在受热时，它的电子会远离原子核，往更高的能级移动。原子释放能量时，电子会向原子核运动，落入更低的能级。这一原子工作的模式是由尼尔斯·玻尔在1913年提出

▶ 尼尔斯·玻尔是一名出生于丹麦的科学家。玻尔最先提出电子围绕着原子核，并在电子壳层中运动。这个观点是理解原子结构的关键。

▲ 我们看到的光线是由一种微小的粒子形成的，那就是光子。围绕着原子的电子改变能级时，光子就产生了。

的，即便是现如今，这个模式仍然是一个理解原子工作的妙法。

热和光

玻尔对电子层的描述解释了原子如何产生光与其他类型的辐射。光只是电磁辐射的一种，其他辐射还包括无线电辐射、紫外线辐射、X射线辐射，所有类型的辐射都是由同一种方式产生的，但有些包含的能量高，有些则低。可见光在光谱（不同类型辐射的范围）中处于中间位置。光线包含的能量有多有少。在人的肉眼看来，能量高低的光线只有颜色的差异，蓝色光的能量比黄色光的高，黄色光的能量又比红色光的高。紫外线辐射和X射线辐射是两种典型的比可见光能量高的光线。紫外线辐射是太

关键词

- **电子壳层：**电子运动的轨道。一个壳层能包含一定数量的电子，但也不能再超过这个数量。
- **能级：**每个电子壳层代表一个能量等级，离原子核最近的壳层能量最低。

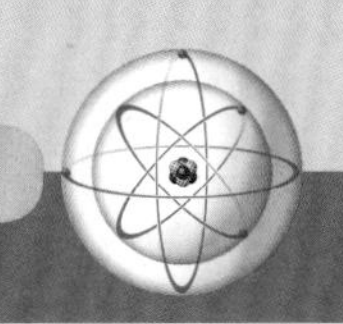

关键词

- **电磁辐射：**X射线辐射、紫外线辐射、可见光辐射、无线电辐射等发射出来的能量。
- **光子：**携带着能量的粒子，一般以光的形式传播。

阳光中一种不可见的辐射，会导致人体晒伤，皮肤晒黑。X射线辐射用来给身体内的骨头拍照。红外线辐射和无线电辐射一样，包含能量比光少。

释放光

大多数电磁辐射是由原子释放的。一个电子落入更低的能级时，原子释放出一个微小的粒子——光子，这个粒子甚至比电子更小、更轻。光线或其他辐射其实就是原子产生的光子。

光子携带了辐射的能量，能量总数取决于电子掉落了多少能级。如果电子从非常高的能级一直掉落到靠近原子核的能级，那么释放的光子就会携带大量能量辐射，比如X射线辐射。掉落的能级越少，释放的能量就越少。

定量的能量

任意原子的能级都是固定的，这取决于原子的大小。电子只能在能级之间移动，不能卡在两个能级之间，因此电子掉落进低能级时，总是以光子的形式释放出固定数量的能量，这些能量叫作一个量子。原子每次不可能释放半个量子，量子只能是整数，这个事实就铸造了量子物理学的基石，量子物理学研究的就是控制原子能量的力。

近距离观察

光子

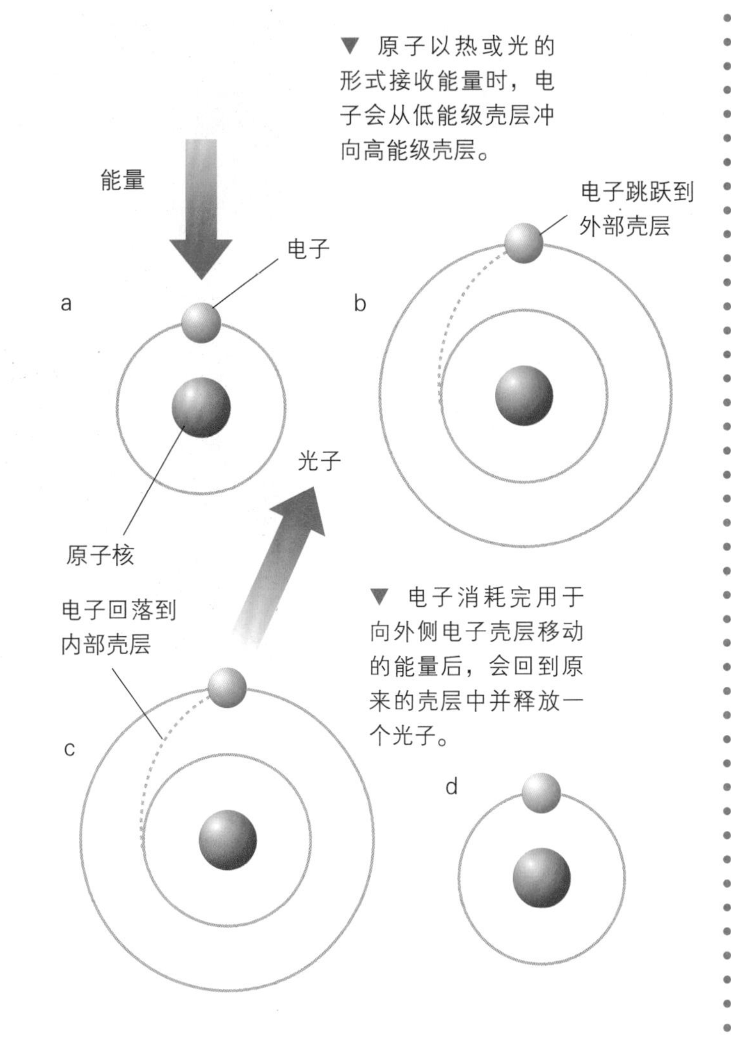

▼ 原子以热或光的形式接收能量时，电子会从低能级壳层冲向高能级壳层。

▼ 电子消耗完用于向外侧电子壳层移动的能量后，会回到原来的壳层中并释放一个光子。

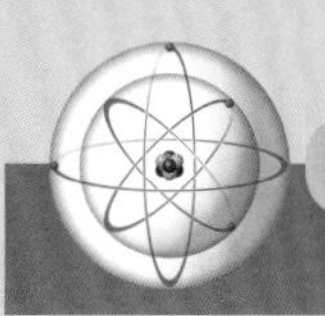

化学在行动

烟花

烟花包含少量的爆炸物，爆炸时会产生不同的颜色。烟花的颜色取决于爆炸物中的化学物质。烟花爆炸时，这些化学物质中的原子会彼此反应或与空气反应，释放出能量，产生不同颜色的光。光的颜色取决于烟花中的元素。烟花中如果含有钾化合物，爆炸时会发出紫色光，锂原子会发出红色光，金属铜或钴产生蓝色火光。

▶ 这种黄色烟花含有钠。钠燃烧时总是发出黄色的火焰。

一个原子只能释放一定量的能量，化学家就可以通过观察元素发出的光来识别元素。元素在燃烧或受热时，会发出光和其他辐射，钾燃烧时发出淡紫色火焰，镁燃烧时发出耀眼的白色火焰。每种元素燃烧时都产生独特的颜色，这些颜色也就对应着各自的元素。

化学行为

电子是原子参与化学反应的部分。不同原子相遇时会失去、得到或共享电子。

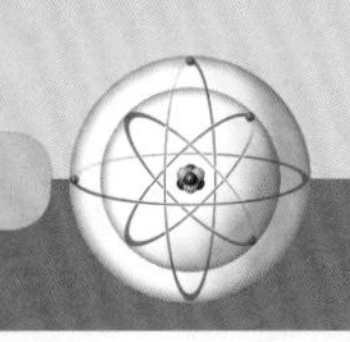

电子之间的化学反应产生了力，这个力让原子聚合在一起形成分子。一些元素容易发生反应，形成化合物，而一些元素就不容易发生反应。是否容易发生反应取决于其电子是如何围绕原子核排布的，不同的排布方法影响着原子失去、获得、共享电子的难易程度。

电子排布

原子参与化学反应部分是最外层的电子。电子壳层充满电子时最为稳定，大多数元素原子的最外侧壳层还有空间，锂原子第二层壳层里只有1个电子，还可容纳7个电子，氯原子最外层有7个电子，还可容纳1个电子。

元素参与化学反应时，会剥离自己的电子，或从其他原子中获取电子，或与其他原子共享电子，让双方的外部壳层都充满电子。比如锂原子在反应时会失去最外层的电子，因此锂原子也会失去第二个电子壳层，同时第一个电子壳层就会成为第二层。这个新的电子壳层中有2个电子，所以会特别稳定。氯原子反应时会得到一个电子，外层会充满电子，因而氯原子也会变得稳定。

▲ 锂是一种极其活跃的金属元素，因为它的最外电子壳层中只有一个电子。锂甚至比氢（最外电子层中也只有一个电子）还容易发生化学反应。将锂元素加入水中时会代替其中一个氢原子，形成氢氧化锂。

近距离观察

电子排布

下表展示了一些元素的电子排布情况。虽然原子内部壳层中的电子数量会随着原子的增大而增多，但决定原子如何反应的仍然是最外层电子数量。最外层电子少的原子在反应时容易丢失电子，而最外层电子多的原子容易得到或共享电子。

元素	原子序数	电子数			最外层的剩余空间
		壳层1	壳层2	壳层3	
氢	1	1			1
氦	2	2			0
锂	3	2	1		7
碳	6	2	4		4
镁	12	2	8	2	6
氯	17	2	8	7	1

5 反应与化学键

化学反应能让一种物质变为另一种物质。在化学反应过程中，原子用新的方式彼此结合，组成新的分子，新的分子通过原子之间的化学键汇聚成型。

在适当的条件下，两种或多种物质混合在一起时会发生化学反应。反应所需的物质叫作反应物，反应过程中，反应物中的原子彼此分离、重组，形成一种或多种新物质，人们称这些物质为生成物。

反应物可以是含有一种原子的单质，也可以是由多种原子组成的化合物，生成物同样可能是单质或化合物。反应过程中，原子不会凭空产生，也不会凭空消失，只会重组。反应物和生成物的原子数量总是相同的。

植物中每时每刻都在发生一种极为重要的化学反应。植物吸收太阳的能量，将水和二氧化碳转化为糖与氧气。

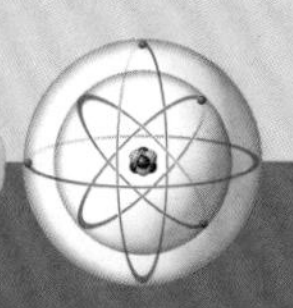

人们使用化学方程式展示化学反应的过程。化学方程式分左右两边，左边展示的是反应物的分子式和反应所需的分子数量，右边展示的生成物的分子式和分子数量。煤炭在空气中燃烧就是一种简单的化学反应，煤炭主要由纯碳组成，碳与空气中的氧分子反应，生成物是二氧化碳气体，化学方程式如下：

$$C + O_2 \xrightarrow{\text{燃烧}} CO_2$$

关键词

- **反应物**：化学反应需要的成分。
- **生成物**：化学反应过程中生成的新物质。

断裂与重塑

碳与氧的反应会释放大量光和热，反应过程中产生的火焰温度特别高，所以人们将煤炭作为燃料燃烧的历史已有几百年之久。然而，一些化学反应却不产生任何热量。

试一试

嘶嘶叫的化学反应

使用两种家庭常见的化合物就能制造出一个快速、安全、简易的化学反应。往玻璃杯倒入一些醋（醋酸），再加入一勺小苏打（碳酸氢钠）。小苏打一放入醋中就开始发出嘶嘶声，那是碳酸氢钠在与酸反应，生成新的化合物——水、无水醋酸钠和二氧化碳气体。水和无水醋酸钠在玻璃杯中形成溶液，而产生嘶嘶声的气体正冒着泡飞入空中。

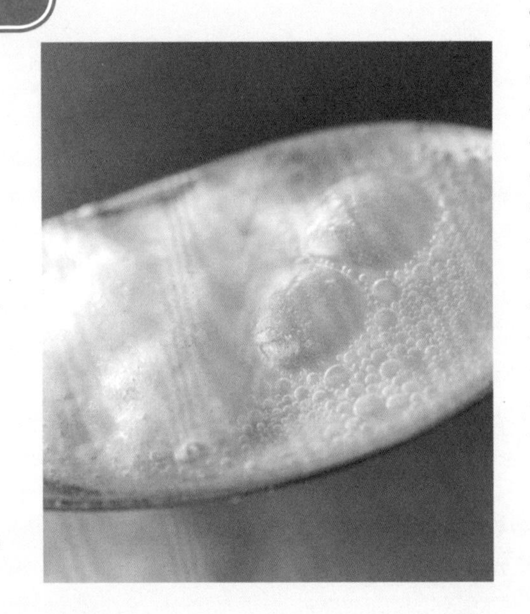

▶ 碳酸氢钠和醋酸反应时需要消耗热量，所以在反应过程中人们触碰杯子，会感觉到杯子有点凉。

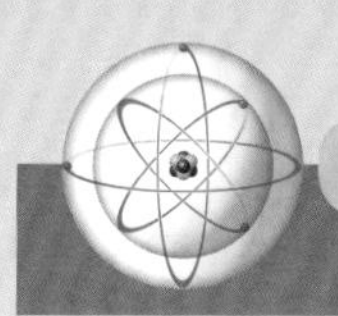

▲ 石灰窑可以用来加热白垩（一种碳酸钙的沉积物），进而催生化学反应。热量会破坏碳酸钙中的化学键，将其转化为氧化钙（生石灰）和二氧化碳。生石灰可以用作肥料。

相反还需要消耗热量才能反应。白垩（一种碳酸钙的沉积物）受热时会分解成为氧化钙和二氧化碳，化学方程式如下：

$$CaCO_3 \xrightarrow{\Delta} CaO + CO_2 \uparrow$$

但如果不受热，那么这种石头也不会发生反应。

一种化学反应是产生热量还是消耗热量取决于反应物和生成物的化学键。化学键令分子成型，在反应过程中，反应物中的一些键会断裂，新的键会生成来塑造生成物。

化学键断裂需要吸收能量，新的化学键形成会释放能量。反应结束后，化学键断裂所吸收的能量与重塑新键时释放的能量通常不相等。如果重塑新键释放的能量多于键断裂时吸收的能量，那么物质在反应过程中会以光和热的形式释放多余的能量；如果释放的能量少于吸收的能量，那么反应物就需要额外的能量才能发生反应。

▶ 往胡佛水坝浇灌混凝土是一个细致的活，必须万般小心，避免混凝土产生裂缝，因为生产混凝土时的化学反应会生成巨量的热。水泥中的钙化合物会与水发生剧烈的反应，化学键断裂、重塑时会产生热量。

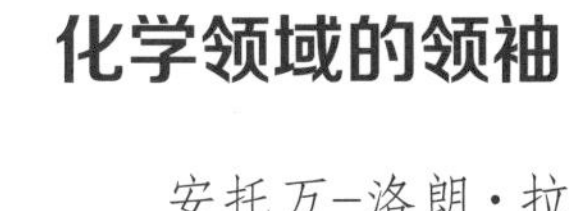

化学领域的领袖

安托万-洛朗·拉瓦锡是一名法国科学家，是现代化学史上功勋卓著的人物，氧元素就是他发现的。除此以外，拉瓦锡还揭示了原子的特性——化学反应不会催生新的原子，也不会破坏现有的原子，只是原子自身重新排布，组成新的化合物。拉瓦锡做了很多实验，他仔细地给反应物和生成物称重，每一次实验都证实反应前后的物质总量是不变的，这个原理就是质量守恒定律。拉瓦锡出生在巴黎的一个贵族家庭，从父母那里继承了大量遗产，也通过从贫穷的法国工人身上征税而变得更加富有，但他将巨额的财产都用于实验。法国大革命期间，他的财产被剥夺，与其他很多征税者一样，拉瓦锡最终也没能逃过被斩首的命运。

◀ 拉瓦锡作为一名自由派政治家，曾积极参加革命运动，但在法国大革命中，他因征税者的身份而被斩首。

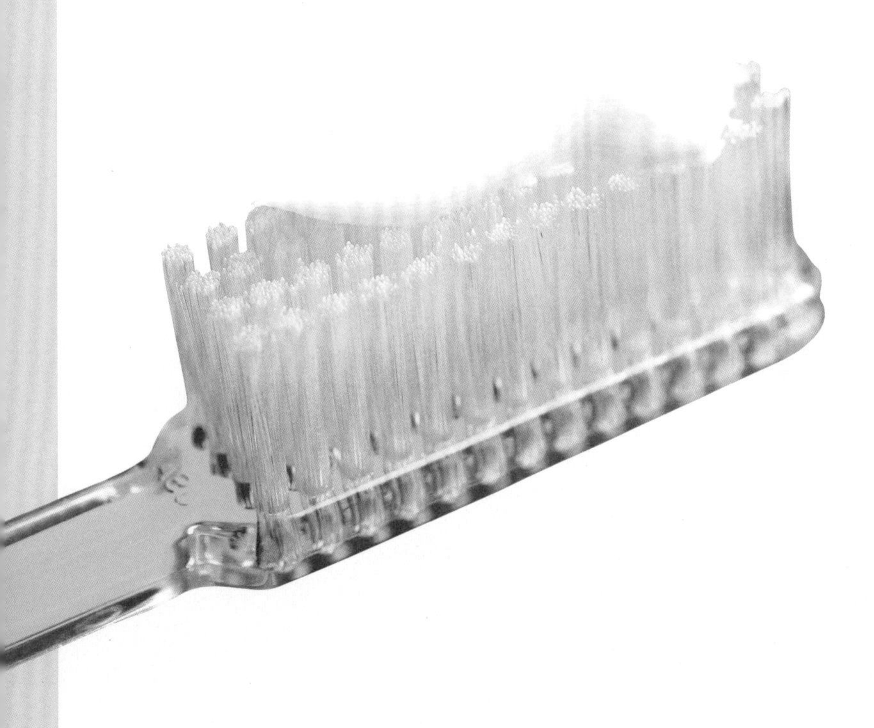

▲ 牙膏通常含有氟元素，比如防止牙齿腐坏的氟化钠。氟是最具负电性的元素，因此反应性很强。氟元素本身是一种有毒气体，但和其他元素结合时，就可能拥有不同的属性。

化学键

原子相互结合的方式有很多种，最主要的三种是离子键、共价键、金属键。元素如何结合取决于原子最外层电子壳层中有多少电子。一些元素的键比较强，一些比较弱，强的化学键需要很多能量才会断裂。化学键必须在两个反应性强的原子结合时才会产生。

一种元素的反应性取决于它的负电性，负电性衡量的是一个原子拴住自身的电子、吸引其他原子的电子的能力。最外层空间少的元素最容易吸引其他电子，所以非金属的负电性更强。氟是最具有负电性的元素，氟最外层电子壳层中只能再容纳一个电子，所以它最能从其他原子中吸收电子，也就最容易发生化学反应。

负电性非常弱的元素也很容易发生反应，这些元素的最外层壳层中的电子非常少，这样的元素大多是金属元素。金属元素不会吸引其他元素的电子，但也不会牢牢锁住自己最外层的电子，这就让金属元素具有很强的正电性。正电性非常强的元素，比如铯和钫，最外层只有一个电子，失去这个电子时就会变得更稳定。

关键词

- 因为负电性，原子具有吸引电子的力量。非金属元素最外层只有少数几个位置留给外来电子，因此负电性比较强，而金属元素最外层有不少空缺的位置，所以负电性比较弱。因此，金属元素在化学反应中容易丢失电子，这种属性叫作正电性。

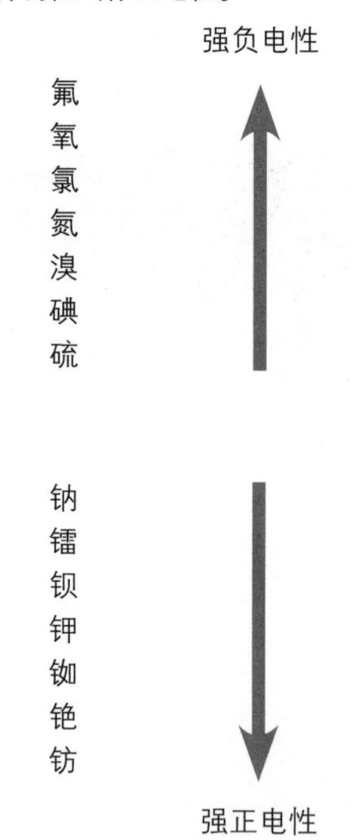

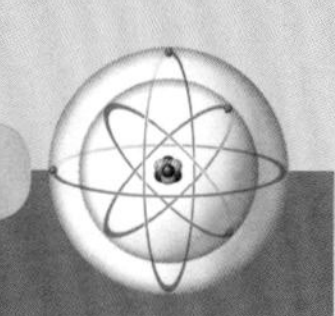

离子键

带负电性的原子和带正电性的原子反应时会生成离子键。离子是带电荷的原子，带正电荷的离子是失去一个或多个电子的原子，得到一个电子的原子就成了带负电荷的离子。离子的电荷大小取决于它得到或失去多少电子，比如氯原子获得一个电子后就会成为负离子，钙原子失去两个电子后成为正离子。

带正电荷的物体会吸引带负电荷的物体，也正是这种力维持电子围绕原子核运动，正离子与负离子也是因为这个力而相互吸引的。这种吸引力让正、负离子结合在一起，形成离子键。

化学在行动

离子键

常见的氯化钠（食盐）就是一种依靠离子键结合的化合物。离子键形成时，钠原子最外层的那唯一一个电子挣脱束缚，给钠原子留下一个完整的最外电子壳层，于是钠原子就变成了带正电的钠离子。那颗自由的电子进入氯原子，占据了氯原子最外层壳层的最后一个位置，让氯原子成为带负电荷的氯离子。这两个离子相互吸引，最终结合在一起。

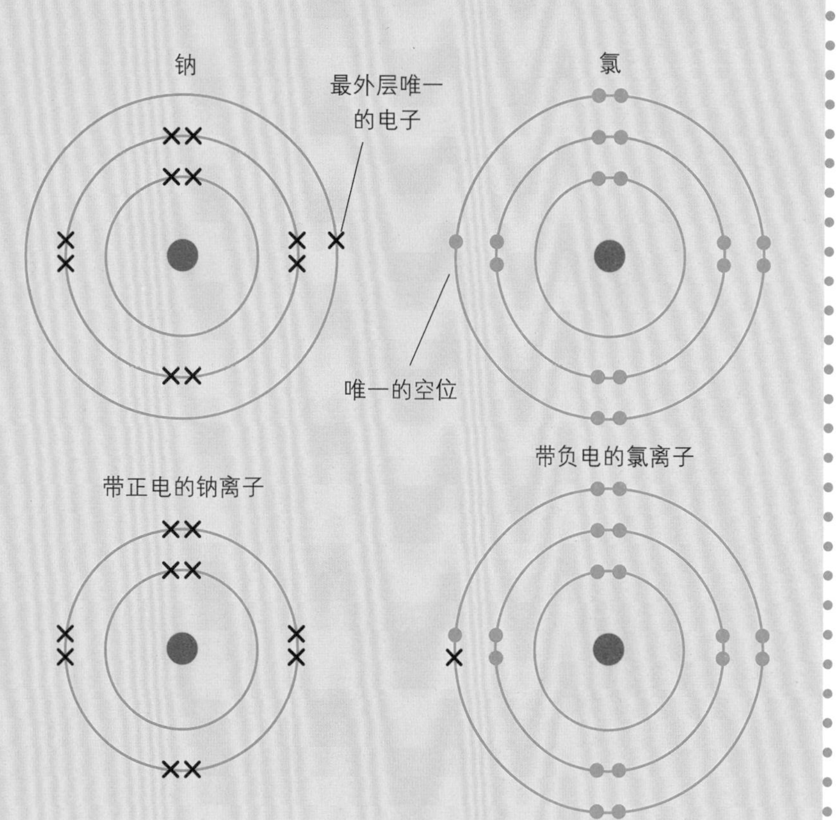

▼ 橡皮筋的分子呈长长的盘绕状态，这些分子通过共价键紧密结合在一起。橡皮筋受到拉伸时，分子的盘绕状态会被拉直，同时共价键会阻止橡皮筋进一步拉伸，如果这时再给橡皮筋施加一个压强，那么这些共价键就会断裂，橡皮筋也会随之断裂。

共享电子

一些元素既不带明显的负电性，也不带明显的正电性，因为它们最外电子壳层中有大约一半的电子，也就是大约四个电子。这样的元素既可以丢失这些电子，也可以从别处获得相同数量的电子，来让自己最外层的电子数达到最大。例如，碳原子最外层有四个电子，要让最外层充满电子达到稳定状态的话，碳原子有两个选择，一是从其他原子身上吸来四个电子，二是释放自己的四个电子。这两种选择都很难实现，因为都需要巨大的能量。相反，碳和其他类似元素都可以通过共享电子来让自己最外层电子数达到最大。共享的电子同时位于两个原子最外壳层上，这就叫共价键。每个共享的电子都受到两颗原子核的拉力，这个拉力让两颗原子紧密地结合在一起。每一个共价键都包含两个共享的电子，有些原子可以在同一时间生成不止一个共价键，比如一个碳原子可以同时和四个其他原子形成四个共价键。但有时两个原子也可以共享两对电子，这叫作双键。碳原子甚至可以生成三键，也就是与其他原子共享三对电子。

关键词

- **共价键：**原子共享一个或多个电子时形成的键。
- **离子键：**原子失去一个或多个电子而另一个原子得到一个或多个电子时形成的键。
- **金属键：**在金属或合金的晶体或熔体中，金属原子最外层价电子脱离原子的束缚，而在各个正离子形成的势场中自由运动，并与正离子吸引在一起而形成键。

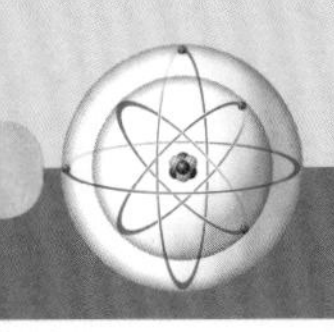

◀ 埃菲尔铁塔曾是世界第一高塔，得益于紧实的金属键，铁的强度足以支撑这么高的建筑。

金属键

金属元素一般是坚硬的固体，可以弯曲、拉伸而不断裂，也是良好的导体，可以导热和电。

化学在行动

共享电子

非金属元素倾向于在彼此间形成共价键，很多非金属原子会依靠这些共价键来和同样元素的原子结合，形成简单的分子，比如氧会形成氧气（O_2）、氟会形成氟气（F_2）、碳与氢形成甲烷（CH_4）。通过共价键共享电子，元素形成的分子比元素自身更加稳定。

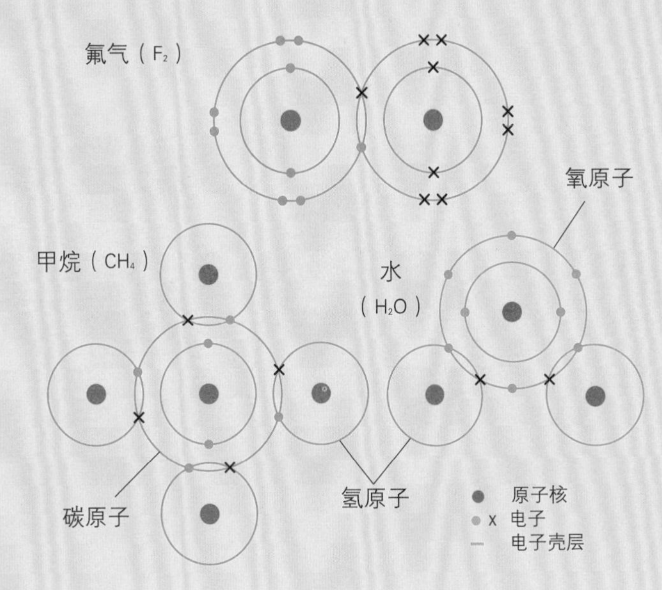

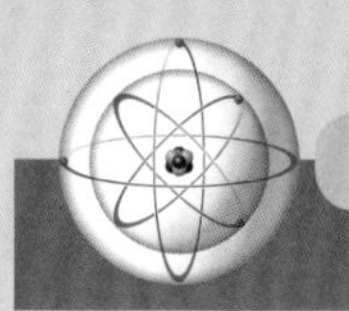

▲ 黄铜是良好的导体，常用来制作电线。围绕着原子核的海量电子携带着电流顺着电线流动到千家万户。

金属的这些属性都来自金属原子的键合方式——金属键。金属键包含金属原子，这些原子共享一个或全部的最外层电子，绝大多数金属元素仅有一个或两个最外层电子，只有一小部分金属元素，比如

化学在行动

海量电子

在金属元素内部，海量的电子围绕着原子核运动，原子核在所有方向都受到拉力，所以原子核与电子非常紧密地结合在一起。电子可以自由地移动，因此导热、导电性能非常好。电流就是一连串的电子流经某种物质形成的，这就是为什么大多数金属是非常好的导热、导电体。

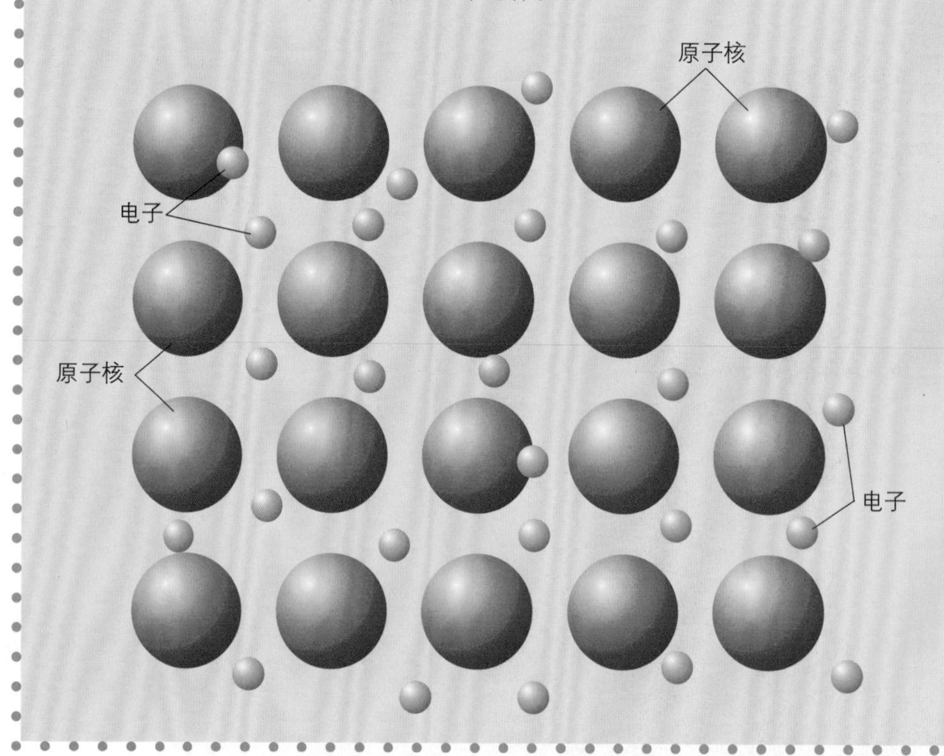

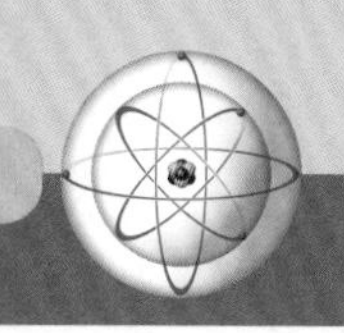

铅、铋、锡，最外层电子超过两个。金属元素的原子紧密结合在一起时，比如在固体或液体中，最外层电子就会挣脱原子核的吸引力，大量自由的电子汇聚在一起自由流动，全部原子都共享这些电子。金属原子带正电荷的原子核被周围带负电荷的海量电子吸引，正是这种四面八方同时存在的吸引力让金属元素固定在原地。

分子键

离子键、共价键、金属键将原子结合在一起，但也有其他力将原子和分子结合在一起，其中很多力是很微弱的，比如电子的随机运动会产生微小的、瞬间的力。电子在原子或分子中的排布一般是均匀的，但也在一直运动中，而且有时候也会同时聚集在一个地方。这种运动会让原子或分子的一端带有负电荷，另一端带有正电荷。这些电荷只持续非常短的时间，但即便存在时间很短，也可以排斥或吸引它们周边的原子，这种力叫作分子力，也叫作范德瓦耳斯力，是以荷兰物理学家范德瓦耳斯（1837—1923）的名字命名的。范德瓦耳斯是历史上第一个意识到这种微小粒子之间力的重要性的人，也是他揭示了这种力是如何影响气体和液体行为的。大分子产生的分子力要大于小分子，因此大分子的熔点和沸点都更高。分子力即便很小，也能让分子结合在一起，并且让分子键牢不可破。

▲ 壁虎可以利用分子力吸附在墙上，壁虎脚上微小、纤细的绒毛能和墙面产生吸力。

偶极引力

一些分子的端部总是带有电荷，这些带电荷的区域叫作偶极。分子中的一个原子比其他原子的负电性都要强时，偶极就产生了，进而导致分子中的最外层电子都被引向这个原子。更多的电子汇聚在分子的一端或者说一极，那么这一极就具有负电性，另一极就具有正电性。同性相斥，异性相吸，分子带有正负电性的两极都被附近分子的负正两极所吸引，所以分子之间互相吸引，异性的两端靠在一起，所有分子都按规律排布。

氢键

氢键就是一种能够产生偶极引力的

键。顾名思义，氢键永远包含一个氢原子。氢与氟等强负电性元素结合时，往往会形成正极。氢原子唯一的电子被其他原子夺走，只留下氢原子核。原子核中有一个质子，因此带有一个强正电荷。

水这种化合物就能产生氢键，水中的氧原子会将氢原子的电子吸走，因此氧带有一个负电荷，氢都带有一个正电荷。具有正电荷的氢原子与另一个水分子中的负电荷会相互吸引。

关键词

- **氢键：**分子中的氢原子与同一分子或另一分子中的电负性较强、原子半径较小的原子相互作用而构成的较弱的化学键。
- **分子键：**让分子结合的键，比原子间键弱。

▼ 水分子中含有氢键，得益于这种围绕着原子核的电子排布方式，水中的氢原子带有微弱的正电荷，氧原子带有微弱的负电荷，这些相异的电荷互相吸引，将水分子结合在一起。

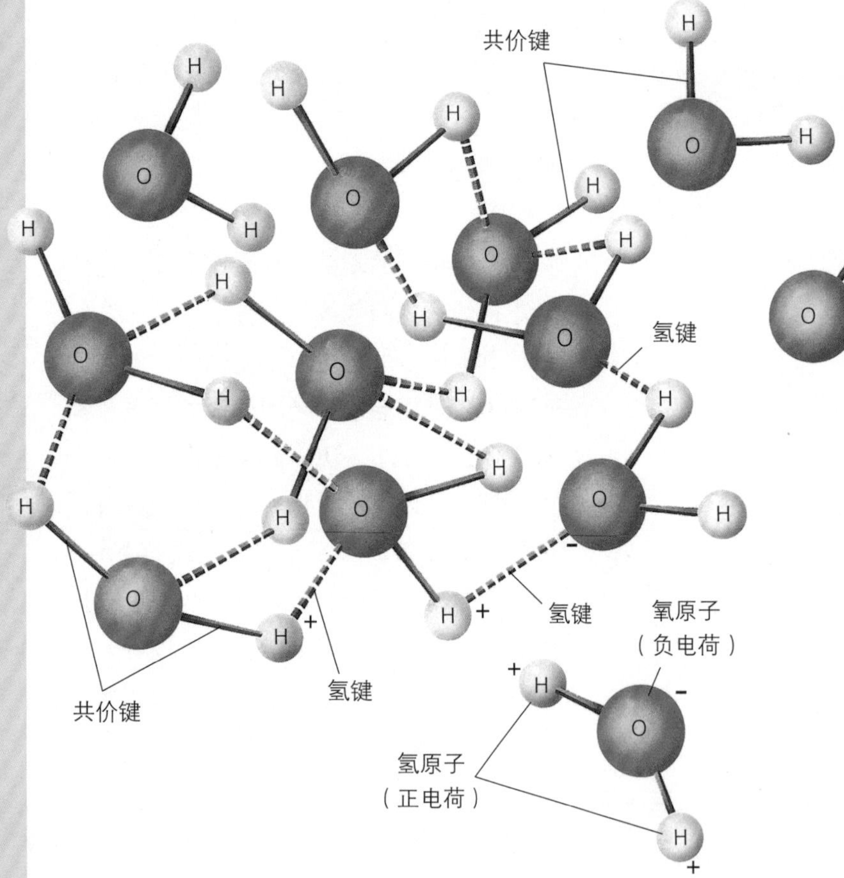

共价键
氢键
共价键
氢键
氢键
氧原子（负电荷）
氢原子（正电荷）

水中的氢键确保在地球表面的水通常条件下都保持液体状态。没有氢键，水分子不可能如此紧密地结合在一起，水的沸点也会比现在低很多，在通常条件下可能会是气体。

分子的形状

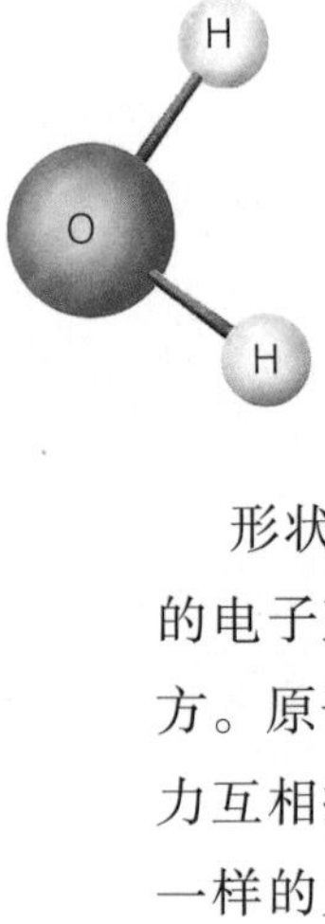

电子有时会在分子间产生微小的力，除此以外，电子在分子中的位置也会影响自身的形状。异性相吸，同性相斥，分子中的电子互相排斥，并且尽可能地远离对方。原子最外壳层中的电子会以相同的力互相排斥，但共价键中的电子无法用一样的力相互排斥，这就导致共享的电子往往被其他电子推向远处。

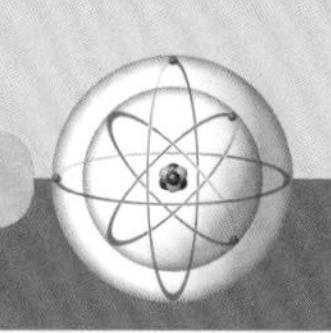

化学在行动

浮冰

水是一种特别的物质，多数物质遇冷会收缩，但水遇冷结冰时体积会膨胀，因此冰的密度比水低。这就导致池塘、河流总是水面比水底先结冰，冰川才会浮在海面上。氢键让冰的体积变大，水结冰时，氢键的力迫使分子形成一种空隙更大的晶体结构。冰融化时，氢键的作用减弱，并不停地断裂、重组，于是水分子会更加紧密地结合在一起，体积就变小了。

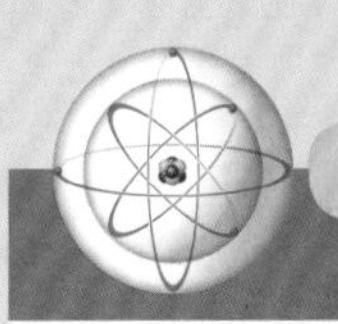

外层电子的不均匀分布影响分子的形状，有两个原子的分子，比如氯气分子，总是呈直线，有点像个迷你哑铃。然而，一个分子如果有不止一个键，形状就会变得复杂。

甲烷分子的中央有一个碳原子，周围有四个氢原子和碳原子形成键合。碳有四个电子，每个电子都和其中一个氢原子形成共价键。因此每一个电子的属性都一样，会互相排斥，结果就是甲烷分子形成一个四面体，像金字塔一样。

但水分子的形状受到不形成键的电子影响，每个水分子都是由两个氢原子和一个氧原子通过共价键结合而形成的，因此分子不呈直线，而是弯曲的。两个氢原子在氧原子的同一侧，这是因为这两对分子键中共享的电子受到氧原子其他六个电子的排斥。

原子也可以组成更加复杂形状的分子。碳原子可以组成六边形、五边形，互相结合，再组成一个球状的分子，这种分子叫作富勒烯，以美国建筑学家巴克明斯特·富勒的名字命名，富勒因设计了和这些碳分子一样的穹顶建筑而闻名世界。碳也可以组成六边形，拼在一起形成薄片，然后卷起来呈中空的管状。

▼ 天然温泉周围经常有一股臭鸡蛋味，这是硫化氢的味道。硫化氢的分子形状和水分子类似。

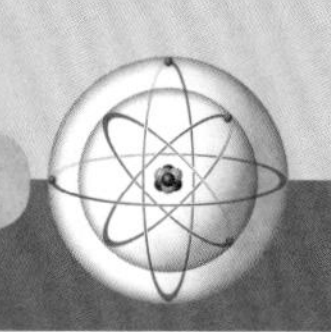

近距离观察

分子形状

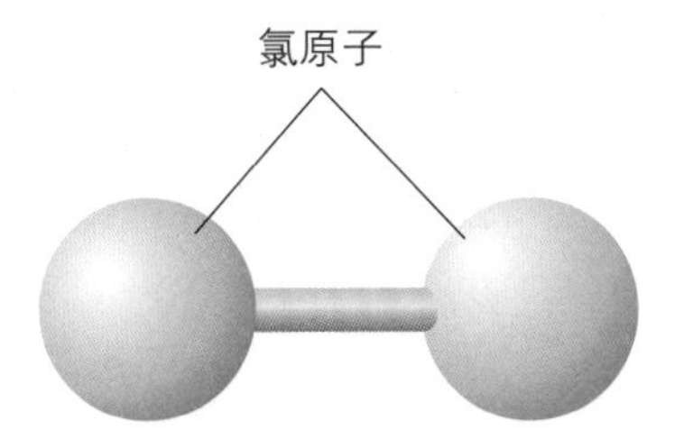

氯气分子呈哑铃状

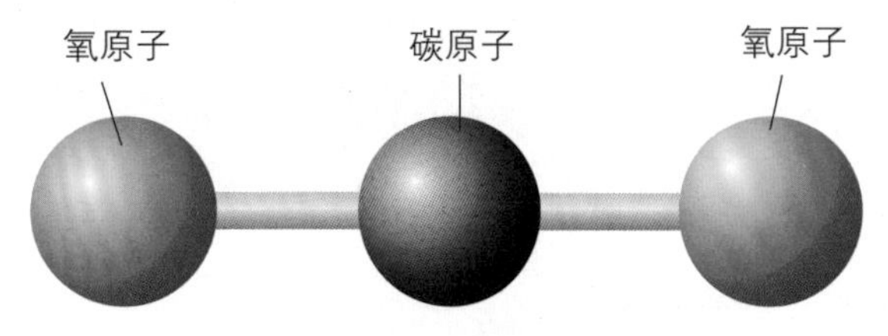

二氧化碳的原子排成一条直线

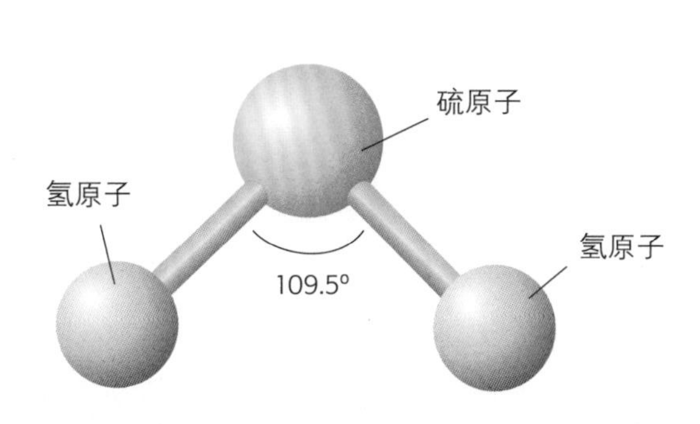

硫化氢分子中氢原子和硫原子之间的角度是109.5°，和水分子很像。水分子中两原子之间的角度是104°。

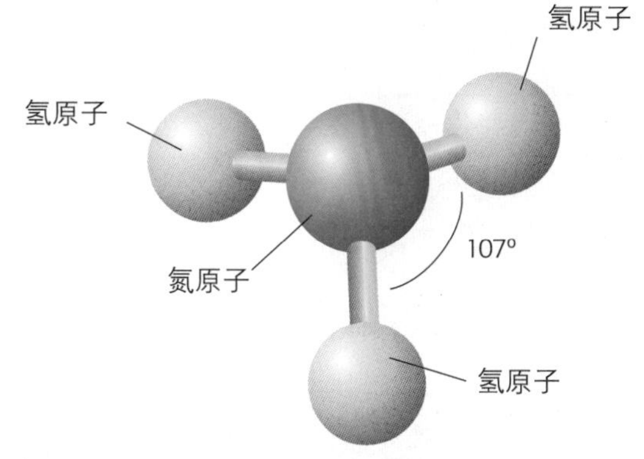

氨分子的形状是较为扁平的金字塔，任意两个氢原子和氮原子之间的角度是107°。

甲烷分子呈金字塔状，中央只有一个碳原子，任意两个氢原子和碳原子的角度是109.5°。

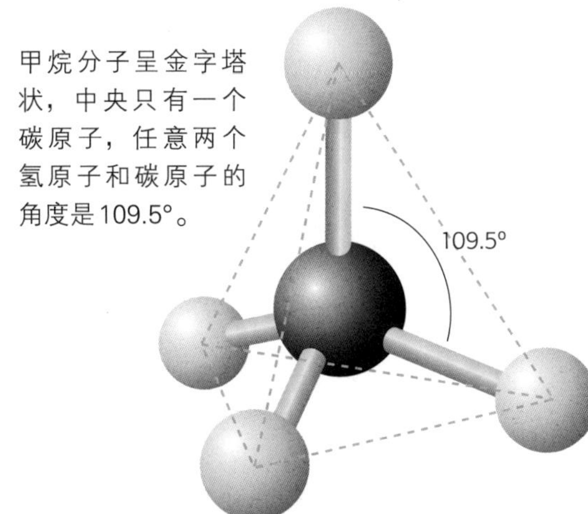

富勒烯有六十个碳原子，这六十个碳原子互相连接成五边形、六边形，再组成球状的分子。

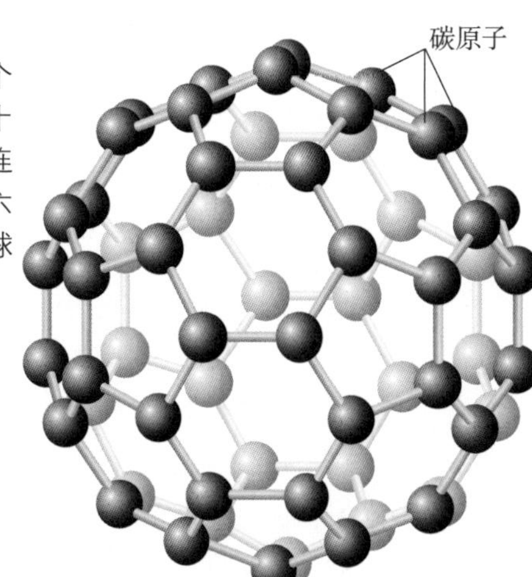

6 放射性

一些物质特别不稳定，原子核分离出去，以辐射的形式释放出能量，这个过程就称为放射。具有放射性的物质极度危险，但也有很多用处。

原子弹就利用了物质的不稳定性。这些不稳定的元素发生爆炸时，释放出庞大的能量，并带有无形但致命的辐射。

如果原子的原子核不稳定，那么这个原子就具有放射性。原子核由带正电荷的质子和不带电的中子组成，具有相同电荷的粒子会相互排斥，质子也是如此，但质子仍然待在原子核中，这是因为存在一个更加强大的力将那些质子和中子固定在原地。这个力量不足以维持原子核的稳定时，物质就会发生放射，最终少量的质子和中子挣脱束缚，从原子中逃离，这个过程叫作放射性衰变。放射性衰变是一种核反应，和化学反应不同，化学反应只发生在原子中的电子上，而核反应导致原子核变化。

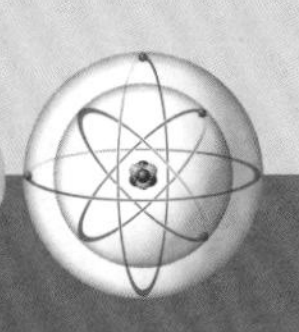

放射性元素

放射性元素的原子通常比较大，每个原子核中都有大量的粒子，因此相比于小原子，它们更加不稳定，例如铀元素的原子核中有234至238个粒子。铀是最常见的一种放射性元素，其他9个自然存在的放射性元素是铋、钋、砹、氡、钫、镭、锕、钍、镤。

▶ 图中这些晶体包含一种常见的放射性元素——铀。这些晶体经过加工，变成铀金属颗粒，给核电站提供燃料。

近距离观察

辐射类型

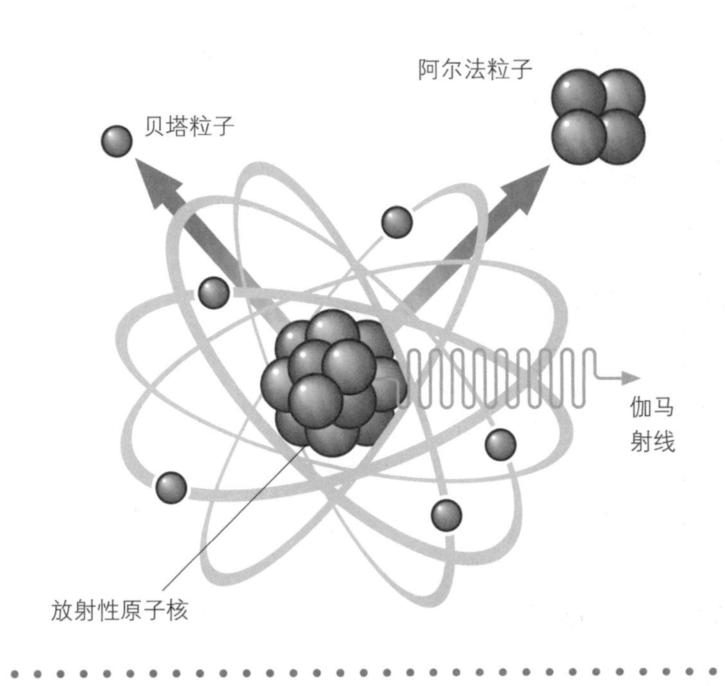

然而，其他元素的一些同位素也具有放射性。同位素是指那些原子序数相同但原子质量不同的原子。氢元素的一个同位素氚就具有放射性。放射性同位素永远比稳定的元素稀少，例如碳-14只占碳原子总数的万亿分之一，剩下的全是稳定的碳-12。

辐射类型

辐射活动有三种类型——阿尔法粒子、贝塔粒子、伽马射线。大部分核反应释放的是阿尔法粒子或贝塔粒子，同时所有核反应都会释放伽马射线。

阿尔法粒子是由两个质子和两个中子结合在一起形成的，和氦原子核一样，所以阿尔法粒子经常写成$^{4}_{2}He$，其中的4表示原子核的原子质量，2表示原子的原子序数，也就是质子数。因为阿尔法粒子不带有任何电子，其中的质子就让阿尔法粒子带有正电荷。

大部分贝塔粒子其实就是快速移动的电子，像电子一样带有一个负电荷。不稳定的原子核中的中子衰变为质子，就催生出贝塔粒子。质子比中子略小，所以中子衰变为质子后剩下的物质就以电子的形式飞走了。

伽马射线是一种能量波，在电磁波谱中能找到，这个波谱包括可见光、热、无线电波、X射线。但是，伽马射线的能量大于其他类型的波。有些核反应也产生X射线。

▼ 工作环境中有放射性物质，人们会挂起这样的标志来警告其他人附近有辐射危险，因为辐射是无色、无味，无法感知的。这个标志警示了这个位置有放射性物质。

反物质

一些贝塔粒子带有一个正电荷，这些粒子和电子一样大小，只不过电荷数量相同，正负相反，这样的粒子叫作正电子，科学家称之为反物质。反物质也是一个物质的粒子，但电荷性质正好相反。物质粒子和反物质粒子相遇时，双方都会被摧毁，同时释放出伽马射线。原子核中的质子转变为中子时就会产生带正电子的贝塔粒子。

辐射的危害

所有放射性物质发出的辐射都是危险的。阿尔法和贝塔粒子带有电荷，可以剥离其他分子中的电子，这个过程叫作电离。

辐射粒子如果进入人体，就会破坏细胞内复杂的分子，最终重要的细胞可能死亡或无法正常工作。例如，有些情况下，细胞可能不受控制地疯长，这种不正常的生长速度可能会导致人体内长出肿瘤。

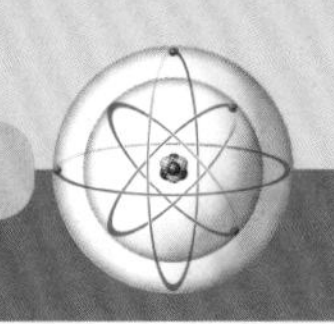

阿尔法粒子能释放最强的辐射，造成的破坏也最为严重，但这种粒子也容易阻挡，因为阿尔法粒子无法轻易地穿过固体，一张纸或日常衣物就能轻松挡住阿尔法粒子。

贝塔粒子比阿尔法粒子小很多，所以能够穿过固体物质，但也正因为小，贝塔粒子进入人体，造成的破坏也小于阿尔法粒子。一张薄薄的金属箔就能挡住贝塔粒子。

伽马射线会在人体内造成电离，它比阿尔法粒子和贝塔粒子的穿透性更强，能穿过衣服、金属箔和大部分日常物品，只有厚重的铅块能完全挡住。但只有一小部分的伽马射线能被人体吸收，很多会直接穿过人体，不会造成任何伤害。

关键词

- **电磁波谱：** 电磁波按照波长或频率的顺序排列而成的图表。
- **电离：** 给原子添加一个电子或让原子失去一个电子从而形成离子的过程。
- **同位素：** 原子序数相同但原子质量不同的原子。
- **辐射：** 放射过程的产物，即阿尔法粒子、贝塔粒子、伽马射线。

改变元素

原子核衰变时，原子包含的质子数量发生变化。如果核反应放出一个阿尔法粒子，那么原子核中的质子就少两个；如果核反应放出一个贝塔粒子，那么原子核中的一个中子就转变为质子，原子核中就

▼ 不同的放射性粒子具有不同的穿透力，阿尔法粒子相对较大，也最容易被阻挡，一张纸即可阻挡它。贝塔粒子比较小，运动速度更快，需要用5毫米厚的铝箔才能挡住。伽马射线非常难阻挡，至少需要一块2厘米厚的铅块才能阻挡。

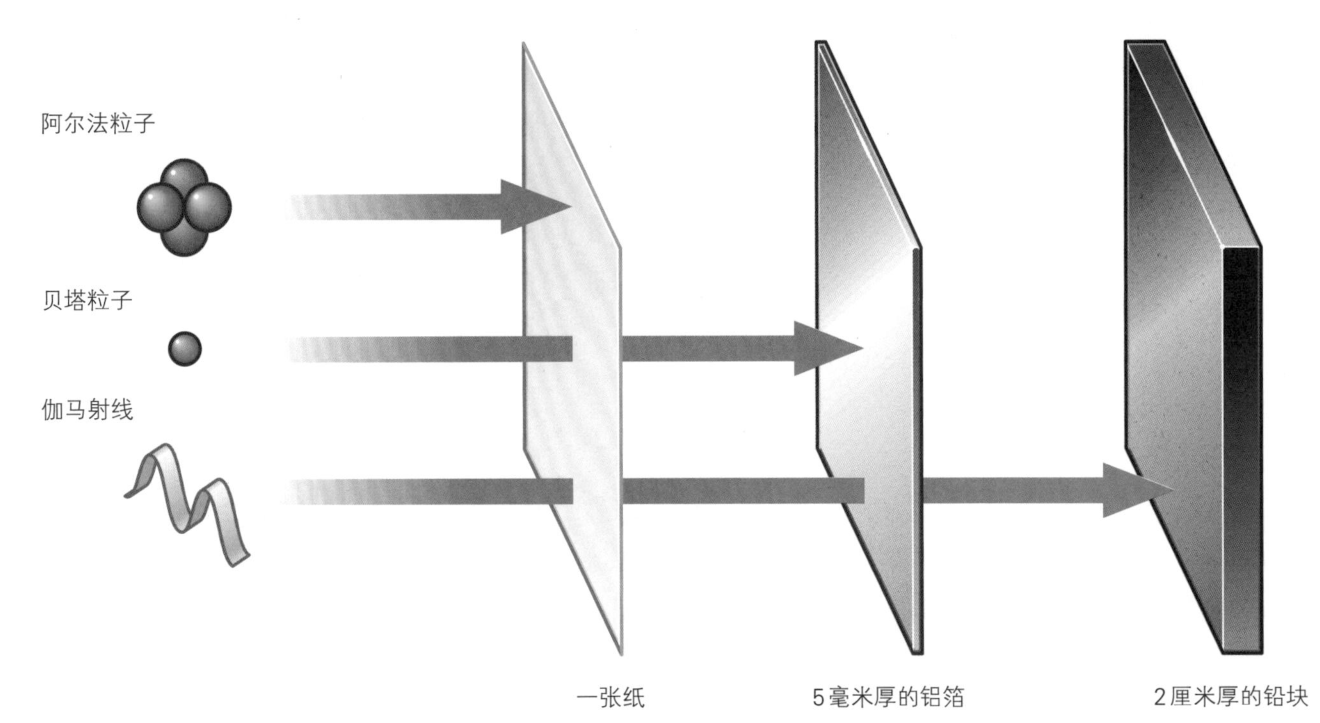

▲ 氡是一种自然形成的放射性气体，存在于我们周围，使用特制的测试工具就能发现它的存在。图为氡检测试剂盒（加拿大版）

有了两个质子。在这两种情况下，核反应改变了原子序数，让原子变为一个新的元素，例如最常见的铀同位素铀-238的原子序数是92，它的原子核在衰变时就会放出一个阿尔法粒子，同时失去两个质子而变为钍原子。钍元素也是放射性元素，原子序数是90。钍原子核衰变时会放出一个贝塔粒子，因此原子核会失去一个中子而获得一个质子，它的原子序数就变成了91，这个原子也就变成了镤。

衰变链

上面的例子中都是一个放射性原子衰变为另一个，但实际上一个原子要衰变为稳定的元素可能要经历很多次核反应，才

近距离观察

核转变

放射性元素都逃不过三个阶段类型的衰变过程，也就是阿尔法粒子衰变、贝塔粒子衰变、伽马射线衰变，又称阿尔法辐射、贝塔辐射、伽马辐射。不同的衰变阶段会产生不同类型的衰变。元素的原子序数和原子质量数会随着阿尔法粒子、贝塔粒子衰变而变化，因为这两种衰变导致原子丢失质子或中子，但元素放射伽马射线时，原子序数和原子质量数都不会变化。

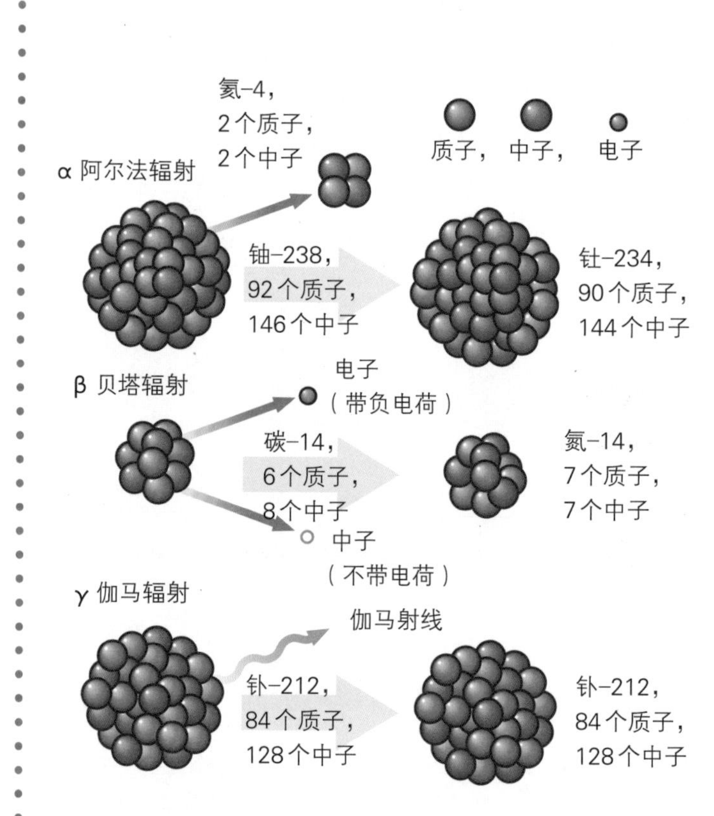

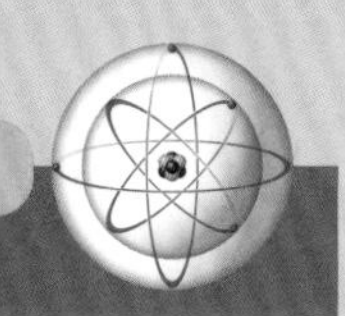

铀-238衰变链

辐射类型	同位素	半衰期
α	铀-238	45亿年
β	钍-234	24.5天
β	镤-234	1.14分钟
α	铀-23	23.3万年
α	钍-230	8.3万年
α	镭-226	1590年
α	氡-222	3825天
α	钋-218	3.05分钟
β	铅-214	26.8分钟
β	铋-214	19.7分钟
α	钋-214	0.00015秒
β	铅-210	22年
β	铋-210	5天
α	钋-210	140天
	铅-206	稳定

▲ 铀-238放射性衰变链有14步，最后转变为稳定的铅的同位素。

能让所有辐射过程告一段落，这一连串的核反应会催生不同的元素，这就叫衰变链。例如，铀-238的衰变链包括整整14个同位素，直到最后催生出稳定的铅-206，衰变才会停止。

地球上最常见的自然生成的放射性元素是钍和铀，这两种元素存在于世界各地的岩石中。其他放射性物质大多是在常见元素的衰变中形成的。

罕见的放射性元素包括唯一的气态放射性元素氡、最活跃同样也最少见的放射性金属元素钫。这两种罕见的元素比钍和铀更不稳定，衰变得更快。

半衰期

放射性元素衰变的速度叫作半衰期，是放射性元素衰减一半的时间。一个元素如果半衰期只有一年，按照初始800个原子算，第一年过后只剩下400个，第二年后剩下200个，第三年只剩下100个，最终所有原子都会衰变。

常见的放射性同位素相对稳定，半衰期很长，比如钍-232半衰期长达140亿年，铀-238稳定性较差，但半衰期也有45亿年。铋-209是最近才发现的放射性同位素，它的半衰期特别长，达到1 900亿亿年。

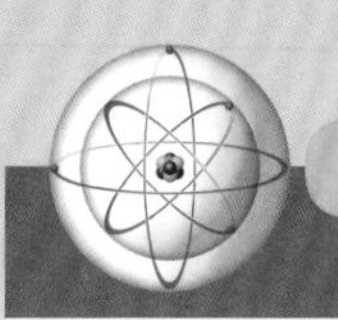

人物简介

居里夫妇

波兰物理学家玛丽·居里（1867—1934）和她的先生皮埃尔·居里（1859—1906）是研究放射性元素的先驱，“放射性”一词就是他们二人创造的。1898年，居里夫妇开始研究放射性元素，尽管那时人们已经了解了X射线，但还没人明白这种辐射是从哪里来的。亨利·贝克勒尔（1852—1906）在这之前已经揭示了铀矿石会散发辐射，但后来居里夫妇发现铀矿石散发的辐射强度取决于矿石的化合物中含有多少铀原子。居里夫妇还发现一种叫作沥青铀矿的矿物质也会散发出辐射，而且辐射强度超过他们的预期，所以居里夫妇意识到这种矿石肯定还有其他放射性元素，于是他们开始想方设法弄清楚其中的物质。经过研究后发现其中两种放射性元素，一种命名为钋[钋（Polonium）和居里夫人母国波兰（Poland）的单词拼写相似]，另一种命名为镭。1903年，居里夫妇因为卓越的科研工作而获得诺贝尔物理学奖，玛丽·居里也因为发现了钋和镭，获得了1911年的诺贝尔化学奖。

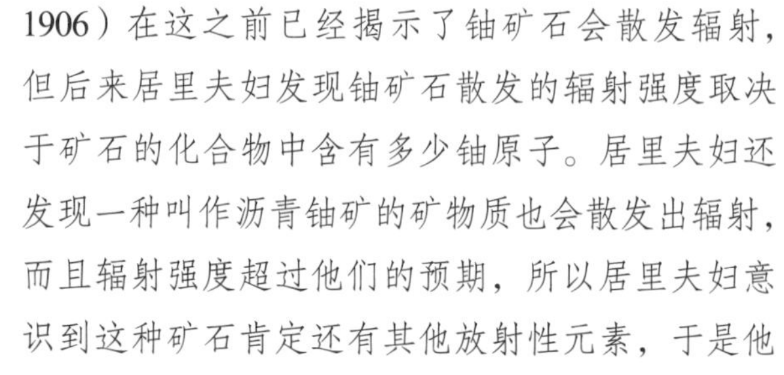

然而很不幸，当时人们对放射性的危害还不甚了解，居里夫人因暴露在辐射环境中而身患白血病，后不治身亡。这位伟大的科学家生前使用的笔记本到现在仍具有放射性。皮埃尔·居里也曾被辐射灼伤，和他的妻子一样，他的身体也每况愈下，在和疾病抗争的过程中，这位卓越的科学家在一场车祸中不幸去世。

◀ 法国一本杂志刊登的插图展示了皮埃尔·居里在他的实验室中工作的样子。居里夫妇发现了两个新元素，享誉全球，也将世人的目光集中在他们的研究上。

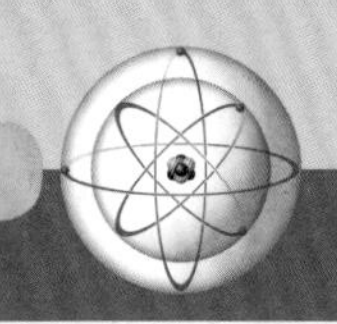

近距离观察

衰变曲线

所有放射性元素都按半衰期一直衰变，不同放射性物质的半衰期都各不相同，但不管半衰期是多久，衰变曲线都是一样的。每个半衰期结束时，元素衰减的总量都会比上一个半衰期少一半，直到减少至零，元素变得稳定。

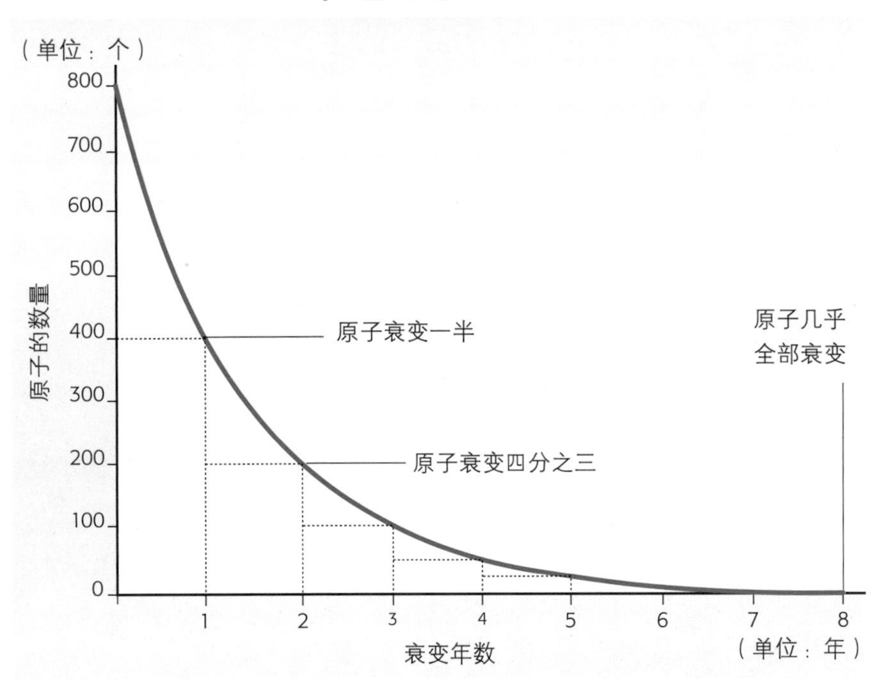

▲ 图片展示了一个放射性元素衰变的曲线。图中放射性元素有800个原子，半衰期是1年。第一年后，还剩400个原子。第8年后，只剩下约1个原子。

最不稳定的元素是半衰期最短的元素，这些元素非常稀有，因为它们存在的时间很短，即便它们当中稳定的钫同位素，半衰期也只有22分钟。化学家认为同时存在于这个地球上的钫加在一起也不到28克。有些同位素极其不稳定，半衰期仅有百万分之一秒，这些同位素无时无刻不处在放射性衰变的过程中，直至自身变得稳定。

劈开原子

核反应不止放射性衰变一种，还有一种核反应，叫作核裂变，这种核反应是核电站的能量来源，也是原子弹爆炸的原理。核裂变其实就是指劈开原子。核裂变发生时，原子核中的一个中子在特定的放射性同位素（通常是铀-235）中燃烧，这个中子将铀原子劈开，一分为二，生成两个更小的原子，同时释放大量的热。每次核裂变也会释放出更多的中子，导致中子和附近的铀-235原子发生进一步的裂变。核反应堆控制着这一系列的链式反应，但核弹就是让这种链式反应不受约束地发生，在毁天灭地的爆炸中释放巨大的能量。

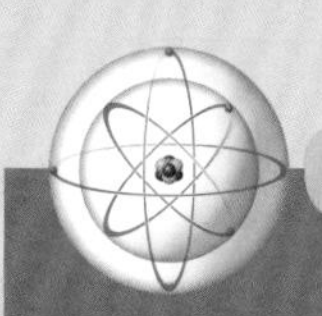

物质的起源

另一种核反应叫作核聚变，与核裂变正好相反。核聚变让两个原子聚合起来，组成更大的原子，但这需要非常大的力才能实现。原子聚变时也会释放出巨大的能量。

太阳的能量就源于核聚变。太阳是一颗包含高温气体的球，在太阳中心，原子受到力的挤压，聚合在一起，通常是氢原子聚合，变成氦原子。这一聚变过程让太阳释放出了热和光。

核聚变释放的能量创造了地球自然界中的很多元素。大型恒星的中心能产

▼ 超新星是重元素的诞生地。巨型恒星燃料耗尽时会催生出重原子，在随后的超新星爆炸中，这些重原子又被抛向广阔无垠的宇宙。

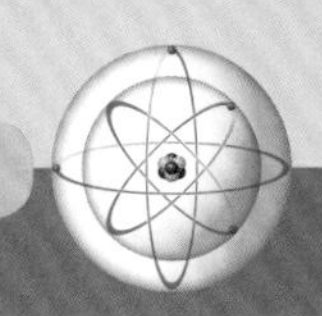

化学在行动

人造元素

地球的自然界中存在92种元素，其中11种具有放射性。除此以外，碳等元素有放射性同位素。科学家也已经制造出人造元素，这些元素全部带有放射性。科学家使用小型离子来轰击大型自然元素。小型离子以极高的速度和自然元素原子相撞，与自然原子相融合，形成大型人工原子。大多数人造元素比铀重。目前，科学家已经制造出26种人造元素，仅给20种起了名字，很多是以著名科学家的名字命名的，比如锔（原子序数96，纪念居里夫妇）、锿（原子序数99，纪念爱因斯坦）、铍（原子序数107，纪念玻尔）。还有，𬭳元素（原子序数106，纪念美国化学家格伦·西博格）。格伦·西博格在众多新元素的制造方面贡献颇多，帮助制造的新元素包括钚（原子序数94）、镅（原子序数95）、锫（原子序数97）和锎（原子序数98）。

▶ 氮-13是一种人造的放射性同位素，半衰期是10分钟，因此制造出来之后，必须立马在医用扫描仪上使用，不然就会完全衰变。

生足够强大的力，让原子产生核聚变反应。如铁原子这样的大质量原子就是如此产生的。

金元素、铀元素等重元素都必须通过核聚变反应才能生成。这样的聚变反应只能在超新星爆炸中发生。大型恒星的燃料用完之后，就会发生超新星爆炸，爆炸产生巨大的压强，大到甚至可以让重原子发生聚变反应。爆炸中聚合的原子又被抛向太空中，在太空中形成尘埃云和气体云。往后数十亿年间，这些尘埃会逐渐聚拢成行星，我们生活的这个星球就是在46亿年前形成的，我们身边的所有物质都曾是恒星的一部分。

元素周期表

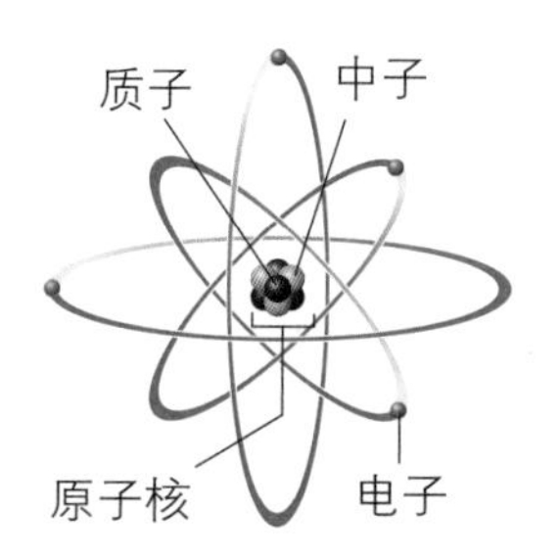

原子结构

元素周期表是根据原子的物理和化学性质将所有化学元素排列成一个简单的图表。元素按原子序数从1到118排列。原子序数是基于原子核中质子的数量。原子量是原子核中质子和中子的总质量。每个元素都有一个化学符号，是其名称的缩写。有一些是其拉丁名称的缩写，如钾就是拉丁名称

33 As 砷 74.92160(2)	
33	原子序数
As	元素符号
砷	元素名称
74.92160(2)	原子量

图例：氢；碱金属；碱土金属；金属；镧系元素

	ⅠA	ⅡA	ⅢB	ⅣB	ⅤB	ⅥB	ⅦB	ⅧB	ⅧB
1	1 H 氢 1.00794(7)								
2	3 Li 锂 6.941(2)	4 Be 铍 9.012182(3)							
3	11 Na 钠 22.989770(2)	12 Mg 镁 24.3050(6)							
4	19 K 钾 39.0983(1)	20 Ca 钙 40.078(4)	21 Sc 钪 44.955910(8)	22 Ti 钛 47.867(1)	23 V 钒 50.9415	24 Cr 铬 51.9961(6)	25 Mn 锰 54.938049(9)	26 Fe 铁 55.845(2)	27 Co 钴 58.933200(9)
5	37 Rb 铷 85.4678(3)	38 Sr 锶 87.62(1)	39 Y 钇 88.90585(2)	40 Zr 锆 91.224(2)	41 Nb 铌 92.90638(2)	42 Mo 钼 95.94(2)	43 Tc 锝 97.907	44 Ru 钌 101.07(2)	45 Rh 铑 102.90550(2)
6	55 Cs 铯 132.90545(2)	56 Ba 钡 137.327(7)	57-71 La-Lu 镧系	72 Hf 铪 178.49(2)	73 Ta 钽 180.9479(1)	74 W 钨 183.84(1)	75 Re 铼 186.207(1)	76 Os 锇 190.23(3)	77 Ir 铱 192.217(3)
7	87 Fr 钫 223.02	88 Ra 镭 226.03	89-103 Ac-Lr 锕系	104 Rf 𬬻 261.11	105 Db 𬭊 262.11	106 Sg 𬭳 263.12	107 Bh 𬭛 264.12	108 Hs 𬭶 265.13	109 Mt 鿏 266.13

镧系元素	57 La 镧 138.9055(2)	58 Ce 铈 140.116(1)	59 Pr 镨 140.90765(2)	60 Nd 钕 144.24(3)	61 Pm 钷 144.91
锕系元素	89 Ac 锕 227.03	90 Th 钍 232.0381(1)	91 Pa 镤 231.03588(2)	92 U 铀 238.02891(3)	93 Np 镎 237.05

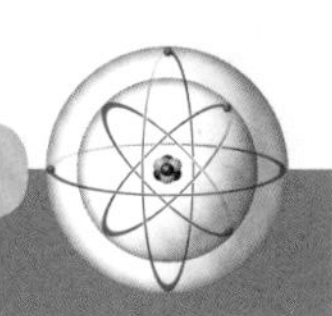

缩写。元素的全称在符号下方标出。元素框中的最后一项是原子量，是元素的平均原子量。

这些排列好的元素，科学家们将其垂直列称为族，水平行称为周期。

同一族中的元素其原子最外层中都具有相同数量的电子，并且具有相似的化学性质。周期表显示了随着原子内外层电子数量的增加逐渐变得稳定。当所有的电子层都被填满（第18族原子的所有电子层都被填满）时，将开始下一个周期。

锕系元素
稀有气体
非金属
类金属

ⅧB	ⅠB	ⅡB	ⅢA	ⅣA	ⅤA	ⅥA	ⅦA	ⅧA
								2 He 氦 4.002602(2)
			5 B 硼 10.811(7)	6 C 碳 12.0107(8)	7 N 氮 14.0067(2)	8 O 氧 15.9994(3)	9 F 氟 18.9984032(5)	10 Ne 氖 20.1797(6)
			13 Al 铝 26.981538(2)	14 Si 硅 28.0855(3)	15 P 磷 30.973761(2)	16 S 硫 32.065(5)	17 Cl 氯 35.453(2)	18 Ar 氩 39.948(1)
28 Ni 镍 58.6934(2)	29 Cu 铜 63.546(3)	30 Zn 锌 65.409(4)	31 Ga 镓 69.723(1)	32 Ge 锗 72.64(1)	33 As 砷 74.92160(2)	34 Se 硒 78.96(3)	35 Br 溴 79.904(1)	36 Kr 氪 83.798(2)
46 Pd 钯 106.42(1)	47 Ag 银 107.8682(2)	48 Cd 镉 112.411(8)	49 In 铟 114.818(3)	50 Sn 锡 118.710(7)	51 Sb 锑 121.760(1)	52 Te 碲 127.60(3)	53 I 碘 126.90447(3)	54 Xe 氙 131.293(6)
78 Pt 铂 195.078(2)	79 Au 金 196.96655(2)	80 Hg 汞 200.59(2)	81 Tl 铊 204.3833(2)	82 Pb 铅 207.2(1)	83 Bi 铋 208.98038(2)	84 Po 钋 208.98	85 At 砹 209.99	84 Rn 氡 222.02
110 Ds 鐽 (269)	111 Rg 轮 (272)	112 Cn 鎶 (277)	113 Uut * (278)	114 Fl 鈇 (289)	115 Uup * (288)	116 Lv 鉝 (289)		118 Uuo * (294)

62 Sm 钐 150.36(3)	63 Eu 铕 151.964(1)	64 Gd 钆 157.25(3)	65 Tb 铽 158.92534(2)	66 Dy 镝 162.500(1)	67 Ho 钬 164.93032(2)	68 Er 铒 167.259(3)	69 Tm 铥 168.93421(2)	70 Yb 镱 173.04(3)	71 Lu 镥 174.967(1)
94 Pu 钚 244.06	95 Am 镅 243.06	96 Cm 锔 247.07	97 Bk 锫 247.07	98 Cf 锎 251.08	99 Es 锿 252.08	100 Fm 镄 257.10	101 Md 钔 258.10	102 No 锘 259.10	103 Lr 铹 260.11